Über die Fließbewegung

in plastischem Material, das aus einem Zylinder
durch eine konzentrische Bodenöffnung gepreßt
wird, mit besonderer Berücksichtigung des
Dick'schen Strangpreßverfahrens

Ein Beitrag zur Mechanik
der plastisch-deformablen Körper

von

Dr.-Ing. Hermann Unckel

Mit 45 Abbildungen im Text
und auf 11 Tafeln

Springer-Verlag Berlin Heidelberg GmbH

1928

Auszug aus der von der Technischen
Hochschule Darmstadt genehmigten
Dissertation, Darmstadt, Februar 1927.

ISBN 978-3-662-31320-6   ISBN 978-3-662-31525-5 (eBook)
DOI 10.1007/978-3-662-31525-5

Vorwort.

Die vorliegende Arbeit ist ein Auszug aus der Darmstädter Dr.-Ing.-Dissertation des Verfassers.

Wenn nun der Versuch gemacht wird, die Behandlung eines immerhin speziellen Themas in Buchform zu veröffentlichen, so sprechen dafür verschiedene Gründe:

Ein unmittelbares Interesse wird die Arbeit für diejenigen haben, welche sich mit dem Strangpreßverfahren befassen oder dasselbe gewerblich ausüben. Ferner aber soll das Mitgeteilte einen Beitrag liefern zur Kenntnis über die plastischen Verformungen, für welche sich zwar in den letzten Jahren ein wachsendes Interesse in der Fachliteratur bekundet, über welche aber trotzdem nur sehr vereinzelte Arbeiten veröffentlicht sind. Schließlich möge diese Arbeit über die Fließbewegung beim Pressen von Rundstangen eine Anregung sein zu weiteren Untersuchungen über die Fließerscheinungen beim Pressen von Profilen und Rohren. Ebenfalls möge die Arbeit zu weiteren Versuchen über die bei anderen technologisch wichtigen Formgebungsprozessen auftretenden Fließerscheinungen Anregung bieten, wie z. B. beim Walzen, Ziehen und Schmieden. Die Anwendung verschiedenartig gefärbter plastischer Massen dürfte auch hierbei sehr vorteilhaft sein, denn an diesen läßt sich das Grundsätzliche der Fließbewegung gut erkennen, während sich bei der Verformung der Metalle noch Nebenerscheinungen überlagern, wie z. B. beim Warmformgeben infolge der Abkühlung der äußeren Schichten und beim Kaltverformen infolge der Verfestigung in den deformierten Zonen.

Es ist mir eine angenehme Pflicht, an dieser Stelle Herrn Geh.-Rat Dr.-Ing. Berndt, Herrn Prof. von Roeßler, sowie Herrn Geh.-Rat Dr. Horn für ihre freundliche Beratung meinen Dank auszusprechen. Ferner danke ich Herrn Dr.-Ing. Doerinckel für die Liebenswürdigkeit, mich seinerzeit auf dieses Arbeitsgebiet aufmerksam gemacht zu haben. Ebenfalls danke ich der Direktion des Heddernheimer Kupferwerkes für die Erteilung der Erlaubnis einiger Betriebspreßversuche.

Darmstadt, im November 1927.

H. Unckel.

Inhaltsverzeichnis.

Einleitung.

Ein in der Technik wichtiger und weit verbreiteter Formgebungsprozeß ist das Pressen von Stangen aus plastischem Material mittels der Strangpresse. Das Verfahren besteht bekanntlich darin, daß das im Preßzylinder befindliche Material durch Kolbendruck gezwungen wird, aus der im Boden des Zylinders befindlichen Öffnung auszufließen. Es entsteht so eine Stange vom Querschnitt dieser Öffnung (s. Abb. 1).

Dieses Preßverfahren, auch „Spritzen" genannt, findet in vielen Zweigen der Technik ausgedehnte Anwendung. So z. B. bei der Herstellung von Stangen, Rohren und Profilbändern aus Materialien, welche im plastischen Zustand verformbar sind und später erhärten, so bei der Verarbeitung des Kautschuks, der Seife, des Tones, dann zur Herstellung von Nudeln und anderen Genußmitteln usw. Die bedeutendste Anwendung hat jedoch das Strangpreßverfahren als Warmformgebungsprozeß in der Erzeugung von Stangen und Rohren aus Messing, Kupfer, Aluminium. Trotz der zahlreichen Anwendungen des Verfahrens sind bisher nur wenige Arbeiten über die bei demselben auftretenden Verformungsvorgänge bekanntgeworden, wie denn heute noch allgemein die Forschung über plastische Deformationen erst in den An-

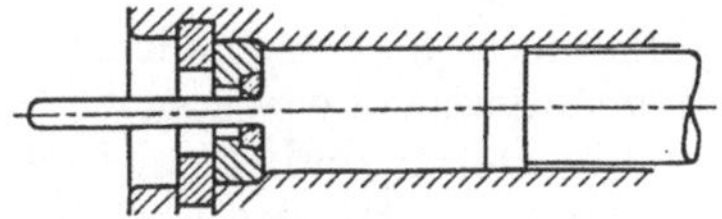

Abb. 1.
Schema des Strangpreßverfahrens.

fangsstadien begriffen ist. Es erscheint von großem physikalischen und technischen Interesse, die Bewegungserscheinungen, welche beim Fließen im Innern des Materials auftreten, einem näheren Studium zu unterwerfen. Dieses soll die Aufgabe der vorliegenden Arbeit sein.

Wie auf jedem wissenschaftlichen Gebiet, so sind insbesondere bei dem Neuland der plastischen Verformungen möglichst umfangreiche experimentelle Untersuchungen das Haupterfordernis. Erst auf Grund der letzteren kann auch die theoretische Erfassung der Vorgänge gefördert werden.

Die in der Technik vorkommenden Verformungsvorgänge lassen sich allgemein an Probekörpern aus plastischem Material studieren, welches schichtweise verschieden gefärbt ist; vgl. z. B. die unter der Leitung von Geh.-Rat Berndt ausgeführten Versuche von Peschel[1] über die beim Eindringen von Nägeln erfolgenden Deformationen. Es

---

[1] Verhandl. d. Vereins zur Förderung des Gewerbefleißes 1901.

war auch in vorliegender Arbeit das Charakteristische der Deformationsvorgänge bei Metallen besonders gut an gefärbten plastischen Massen
zu studieren, weshalb diesem Kapitel ein größerer Platz eingeräumt
wurde.

Es wirken nämlich beim Warmpressen der Metalle noch gewisse
Nebenumstände mit, welche von Fall zu Fall verschieden sind, und
sich in ihrer Wirkung dem eigentlichen Fließprozeß überlagern: Der
warme Block kühlt sich an den kälteren Zylinderwandungen ab, die
äußeren Teile sind mithin weniger plastisch als die inneren. Zudem
besitzt der gegossene Block einen spröden Oxydmantel, ferner besteht er aus einem Haufwerk einzelner Kristallite, deren Größe von
den Gußverhältnissen abhängig ist und welche ferner, je nach der
Lage ihrer Kristallachsen, in verschiedenen Richtungen verschiedenen
Fließwiderstand haben. Die angeführten Umstände werden je nach
Material, Temperatur- und Abkühlungsverhältnissen beim Gießen (Gefüge), ferner je nach den Temperaturverhältnissen beim Pressen (Abkühlung der Außenhaut) verschieden sein, so daß es sich empfiehlt,
zunächst an homogenen plastischen Massen das eigentliche Wesen
des Fließvorganges zu untersuchen.

Die Arbeit befaßt sich mit den im Innern der Masse beim Ausfließen durch kreisrunde, zum Preßzylinder konzentrische
Öffnungen auftretenden Bewegungserscheinungen, und zwar
bei verschiedenem Material, verschiedenen Matrizenöffnungen und Preßgeschwindigkeiten. Ferner wird das Warmpressen von verschiedenen Metallen untersucht. Weiter werden
einige ergänzende Versuche über die auftretenden Drucke mitgeteilt. Daran schließt sich eine mathematische Behandlung der
gefundenen Strömungsvorgänge. Die in der Literatur bekanntgewordenen Arbeiten von anderer Seite werden an den betreffenden
Stellen besprochen.

I. Die Bewegungsvorgänge beim Ausfließen von plastischen Massen.

1. Besprechung früherer Arbeiten.

Die ersten Versuche zur Erforschung des Ausflusses plastischer Massen dürften die von Tresca sein[1]. Derselbe untersuchte die Deformationsvorgänge bei keramischen Massen. Er setzte Blöcke aus einzelnen Schichten zusammen, zwischen welche er zur Kennzeichnung eine färbende Zwischenschicht (Fuchsin) brachte. Diese Blöcke von 100 mm Durchmesser und 120 mm Höhe preßte er durch eine Bodenöffnung des Zylinders teilweise aus, und schnitt alsdann den Blockrest samt der entstandenen Stange in der Längsachse durch, womit die Deformation der anfangs senkrecht zur Blockachse gelegenen Schichten sichtbar wurde.

Die Versuche von Tresca wurden von Obermayer wiederholt[2]. Er untersuchte den Ausfluß von Ton, welcher mit Wasser angemacht war. Er kennzeichnete in seinen Blöcken horizontale Schichten durch abwechselnd schwarze und weiße Färbung, in einigen Fällen setzte er auch die Blöcke aus konzentrisch ineinandergestellten, abwechselnd gefärbten Röhren zusammen.

Tresca und Obermayer hatten einige in gleicher Weise präparierte Blöcke stufenweise verpreßt, so daß jeder folgende Block etwas weiter ausgeflossen war als der vorhergehende. Sie konnten so durch Vergleich der Deformation der Schichten, welche bis zu der jeweiligen Preßstufe eingetreten war, einige Schlüsse auf die Bewegung der Masse ziehen. Die einzelnen Pressungen waren jedoch zu grob abgestuft, um die Bewegung der Schichten genauer in den Einzelheiten verfolgen zu können. Vor allem aber erlauben sowohl die Versuche von Tresca als auch die von Obermayer nicht, einzelne Punkte der Masse während ihrer Bewegungen zu verfolgen. Denn von vornherein waren nicht einzelne Punkte, sondern nur ganze Ebenen im Block durch verschiedene Färbung gekennzeichnet, welche im Schnitt als Linien erschienen. Nur aus der aufeinanderfolgenden Verschiebung einzelner Punkte innerhalb der Masse aber läßt sich der Bewegungsvorgang befriedigend erkennen.

---

[1] Comptes Rendus 1864—1873, Paris.
[2] Sitzungsber. d. kaiserl. Akad. d. Wiss. II. Wien 1868.

2. Eigene Versuche mit plastischen Massen.

a) Das Material.

Die Preßversuche sollten mit verschiedenen plastischen Massen durchgeführt werden, um den Einfluß der Materialbeschaffenheit auf den Ablauf der Bewegungsvorgänge kennenzulernen. Es galt nun zunächst geeignete plastische Materialien zu finden. Es möge hierüber einiges mitgeteilt werden, zumal die Materialfrage auch bei der Erforschung anderer technologischer Verformungsvorgänge wichtig erscheint.

Die zu verwendenden Massen mußten die folgenden Bedingungen erfüllen:

1. Die Masse soll „plastisch" sein, d. h. erst bei bestimmtem Druck ins Fließen geraten (zum Unterschied von zähen Flüssigkeiten, bei welchen bereits bei äußerst niedrigem Druck ein langsames Fließen eintritt) und plastische Verformung vertragen, ohne zu brechen.

2. Die Masse muß einen gewünschten Härtegrad besitzen.

3. Die Masse muß färbbar sein, um die einzelnen Teile des Blocks gegeneinander zu kennzeichen.

4. Die einzelnen Teile, aus welchen der Block zusammengesetzt wird, müssen zu einem Ganzen verschweißen.

Benötigt wurde sowohl eine weichere als auch eine härtere Masse. Als weichere plastische Masse wurde zunächst mit Wasser angemachter Ton versucht, und zwar Tonpulver mit 23,5 Gew.-vH Wasser. Die Masse entsprach wohl den oben aufgestellten Bedingungen, es trat jedoch bei der Vornahme der Preßversuche ein Übelstand auf: Das Wasser wurde nämlich an den Stellen, wo die Drucke größer waren, teilweise aus der Masse verdrängt, wodurch dieselbe dort etwas härter wurde; ein weiterer Übelstand ist das Austrocknen des Wassers. Damit aber war der Versuchsblock in seinen einzelnen Teilen nicht mehr homogen, wodurch der Fließvorgang gestört wurde, indem nämlich verschiedentlich die Masse sich an jenen Stellen abtrennte. Eine aus Ton und Glyzerin verknetete Masse zeigte den Nachteil, daß dieselbe an den Wänden der Matrizenöffnung klebte, so daß die heraustretende Stange rissig wurde. Die meisten Öle, insbesondere die mineralischen, machten den Ton zu spröd, kurzbrüchig, es fehlte die gewünschte Plastizität. Das gleiche gilt für Fischtran und Leinöl. Die besten Eigenschaften zeigten Olivenöl und Rüböl, von welchen das letztere des geringeren Preises wegen gewählt wurde. Als geeignetste Zusammenstellung wurde ein innig verknetetes Gemenge von 71,4 Gew.-vH Ton mit 28,6 vH Rüböl herausgefunden. Zu beachten war jedoch die beschränkte Haltbarkeit dieser Masse. Rüböl neigt besonders bei der feinen Verteilung zwischen den Tonpartikelchen beim Lagern an der Luft und in der Wärme stark zur Zersetzung. Die plastischen Eigenschaften gehen alsdann verloren, die Masse wird zähe und klebrig, sie gleicht dann mehr einer zähen Flüssigkeit. Es mußte deshalb dieses Material möglichst bald nach dem Anmachen und in kühlem Raum verwendet werden. Die

Druckfestigkeit bzw. Fließgrenze dieser Öltonmasse betrug 0,15 kg pro Quadratzentimeter, wie durch Gewichtsbelastung eines aus derselben geformten Würfels ermittelt wurde.

Es wurde ferner ein plastisches Material von größerer Härte bzw. Fließgrenze benötigt. Die im Handel erhältlichen fertigen plastischen Massen, wie Plastilin usw., erschienen zu weich und ferner zu teuer bei den benötigten Mengen. Es wurden umfangreiche Versuche angestellt, um eine möglichst geeignete Zusammenstellung zu finden. Paraffin, Ceresin, Stearin erwiesen sich bei gewöhnlicher Temperatur als zu spröd, ebenso die aus Paraffin mit Kolophonium und verschiedenen Ölen und Fetten zusammengeschmolzenen Massen. Desgleichen waren die aus Harz und Fetten mit Füllstoffen wie Kreide, Ton bestehenden Massen spröd und bröckelig. Seife aus Natronlauge und Kokosöl auf kaltem Weg bereitet, ist ein an sich gut plastisches Material, es machte jedoch Schwierigkeiten, die einzelnen Teile, aus welchen der Block zusammengesetzt werden mußte, zu einem Ganzen zu verschweißen, da die Seife sich nicht schmelzen läßt. Schließlich wurde nach umfangreichen Versuchen eine Masse aus Bienenwachs, zäher sog. amerikanischer Vaseline und Kreide im Verhältnis 9 : 18 : 73 als recht geeignetes Versuchsmaterial herausgefunden[1]. Die Masse ist leicht schmelzbar und läßt sich in die gewünschten Formen gießen. Die Fließgrenze auf Druck wurde wie oben ermittelt und beträgt 0,75 kg pro Quadratzentimeter.

b) Der Aufbau der Versuchsblöcke.

Die Preßversuche sollten die Bewegung der einzelnen Punkte im Blockinnern zeigen. Mithin mußten Punkte im Innern des Blockes so markiert werden, daß man sie im Verlaufe der stufenweise unterbrochenen Pressung im aufgeschnittenen Block wiederfinden konnte, um so die eingetretene Verschiebung ein und desselben Punktes festzustellen. Es mußte sozusagen ein sichtbares Koordinatennetz im Innern des Blocks angelegt werden. Es war ferner wünschenswert, die fortschreitende Deformation ganzer Raumelemente, ferner die Veränderung anfangs horizontaler bzw. vertikaler Linien im Laufe der Pressung verfolgen zu können.

Es erschien nach einigen Vorversuchen am vorteilhaftesten, den Block in Ringe von verschiedener Farbe aufzuteilen, welche durch ungefärbte Zwischenschichten getrennt wurden. Im Längsschnitt des Blockes erscheinen die Querschnitte der gefärbten Ringe als Quadrate, deren Deformation und die Verschiebung von deren Eckpunkten leicht verfolgt werden konnte. Auch war so die Deformation der Trennungsflächen zwischen einer Ringschicht und einer ungefärbten Schicht gut zu erkennen.

Es war mithin nötig, Scheiben und Ringe aus verschieden gefärbtem Material herzustellen. Dabei mußten die gefärbten Teile

---

[1] Diese Masse dürfte auch für die Erforschung anderer technologischer Verformungsprozesse, wie Stauchen, Walzen usw., sehr gut verwendbar sein.

der Masse dieselben plastischen Eigenschaften haben, wie die ungefärbten; ferner mußten mehrere Farben verwendet werden, um mit Sicherheit die einzelnen Elemente nach vorgeschrittener Deformation wieder herauszufinden. Schließlich war noch die Forderung zu erfüllen, daß auch bei der photographischen Wiedergabe die Querschnitte der farbigen Ringe sich in verschiedener Helligkeit voneinander unterschieden. Es wurden deshalb die Zwischenschichten ungefärbt gelassen (s. Abb. 2). Die Ringsätze bestanden aus schwarzen und farbigen Ringen, und zwar war jede folgende Ringschicht von anderer Farbe, derart, daß jede Farbe im Block nur zweimal vorkam. Im Lichtbild erschienen die Querschnitte grau in verschiedener Abtönung, die der schwarzen Ringe schwarz, die ungefärbten Zwischenschichten erschienen weiß, so daß ein guter Kontrast erzielt wurde.

Für die Färbung der Masse war maßgebend, daß die plastischen Eigenschaften derselben durch den Farbzusatz nicht verändert wurden, es durfte daher nur möglichst wenig Farbe beigemischt werden bzw. es mußte Farbe von intensiver Färbkraft verwendet werden. Ferner war für jede Farbsubstanz ein besonderes Mischungsverhältnis der übrigen Bestandteile der Masse auszuprobieren, damit die gefärbten Teile des Blockes nicht weicher oder härter waren als die ungefärbten. Schließlich noch mußte der Farbzusatz in den übrigen Bestandteilen der Masse unlöslich sein, weil sich sonst die Grenzlinien der Schichten alsbald infolge von Diffusion verwischen. So durften z. B. sowohl bei der Öltonmasse als auch bei der Wachsmasse keine öllöslichen Farben verwendet werden wie

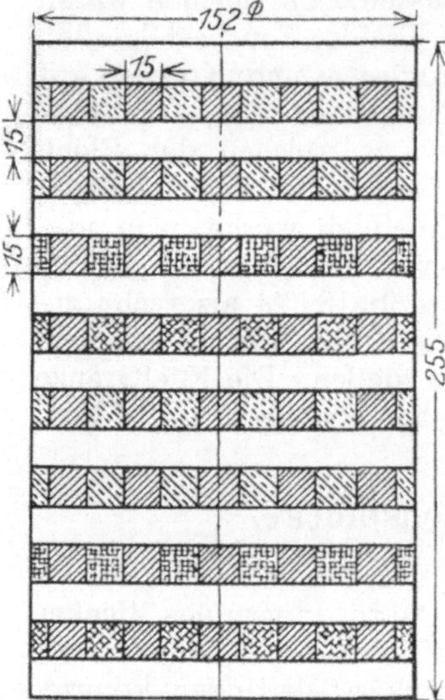

Abb. 2. Längsschnitt durch einen präparierten Block.

(Die Färbung der einzelnen Teile ist durch verschiedene Schraffur gekennzeichnet.)

Anilinfarben usw. Am geeignetsten erwiesen sich Erd- und Metalloxydfarben, und zwar:

für Schwarz	Frankfurter Schwarz,
„ Grün	Zinkgrün,
„ Braun	Ocker,
„ Blau	Ultramarin,
„ Rot	Englischrot.

Es genügte ein 5 vH Farbzusatz, um eine hinreichend intensive Färbung zu erzielen.

Die Anfertigung der Preßblöcke aus der weichen Öltonmasse gelang nach verschiedentlichen Versuchen in der folgenden Weise: Die Masse wurde zunächst gut durchgeknetet. Zur Kontrolle der Gleichmäßigkeit des Materials wurde eine konische, gerade geführte

Nadel durch ein aufgelegtes Gewicht in die Masse gedrückt. Die Einsinktiefe bildet ein Vergleichsmaß für die Härte der Masse. Die Schichten aus ungefärbtem Ton wurden alsdann in einem Ring vom Durchmesser des Blocks geformt, und aus diesem mit einer entsprechenden Scheibe ausgedrückt. Die Anfertigung der konzentrisch ineinander gesetzten Ringe wurde erst durch Ausstechen derselben mit Blechringen probiert, es erwies sich dieses Vorgehen jedoch als ungeeignet, weil die Masse zu weich war und an den Blechringen klebte. Es wurden deshalb besondere Formen gebaut, welche aus konzentrischen Metallringen bestanden. Zwischen je zwei fest angeordneten Ringen befand sich ein axial beweglicher Ring, so daß die zwischen die festen Ringe eingeknetete Masse durch axiales Verschieben der beweglichen Ringe ausgestoßen werden konnte. In einer zweiten Form wurden die korrespondierenden Ringe in der anderen Farbe in gleicher Weise geformt, alsdann wurden die beiden Ringsätze ineinander gesetzt und von den Formen mit einem Stahldraht abgeschnitten. Die Ringschichten und die ungefärbten Massivschichten wurden abwechselnd zu einem Block aufgeschichtet (s. Abb. 2). Die Schichten hatten eine Dicke von je 15 mm; mit 8 Ringschichten und 9 Massivschichten ergab sich eine Blockhöhe von 255 mm, bei einem Blockdurchmesser von 152 mm.

Die Blöcke aus der harten Wachsmasse wurden in etwas anderer Weise präpariert. Die Bestandteile der Masse wurden zusammengeschmolzen und daraus ein Block gegossen, von welchem die Massivscheiben mit einem Stahldraht abgeschnitten wurden. Die Ringsätze wurden in der Weise hergestellt, daß geschlitzte konzentrische Blechringe von 10 cm Höhe zur Zentrierung auf die beschriebenen Metallformen aufgesetzt wurden. Diese Blechringe wurden alsdann mit der gefärbten Masse ausgegossen. Nach dem Erstarren derselben wurden die Blechringe abgelöst, nach Art einer Springform, wie sie im Haushalt verwendet wird. Dann wurden die so erhaltenen Farbringe wiederum auf der Form zentriert aufgestellt und der Zwischenraum mit der anders gefärbten Masse ausgegossen. Aus dem so entstandenen Blöckchen wurden nun mit dem Stahldraht die Schichten von der gewünschten Dicke abgeschnitten. Schließlich wurden die Ringschichten und die ungefärbten Schichten durch Anwärmen mit der Gasflamme oberflächlich erweicht und durch Aufeinanderdrücken miteinander verschweißt, so daß der Block wiederum das Bild der Abb. 2 zeigte.

c) Die Preßapparatur.

Der Preßzylinder hatte einen Durchmesser von 152 mm bei einer Höhe von 300 mm. Er bestand aus zwei schmiedeeisernen durch Schrauben verbundenen Längshälften. Es wurde zuerst ein ungeteilter Zylinder verwendet, es war aber dabei das axiale Einsetzen und Herausnehmen der Blöcke aus Ölton recht schwierig, es waren dabei wegen der Weichheit der Masse Deformationen unvermeidlich, welche alsdann die Genauigkeit der Versuche in Frage stellten. Es war somit nötig, einen geteilten Zylinder zu verwenden, so daß der Block im Zylinder selbst durchgeschnitten werden konnte. Die Flanschen des Zylinders wurden durch Schrauben zusammengehalten (s. Abb. 3), der richtige Sitz der Schalen wurde durch vier Paßstifte gewährleistet. Zwischen den beiden Flanschen waren Blechstreifen von 0,4 mm Dicke — auch vor dem Ausbohren des Zylinders auf der Drehbank — gelegt, welche den für den Schneiddraht zum Zerteilen des Blocks erforderlichen Spalt ausfüllten.

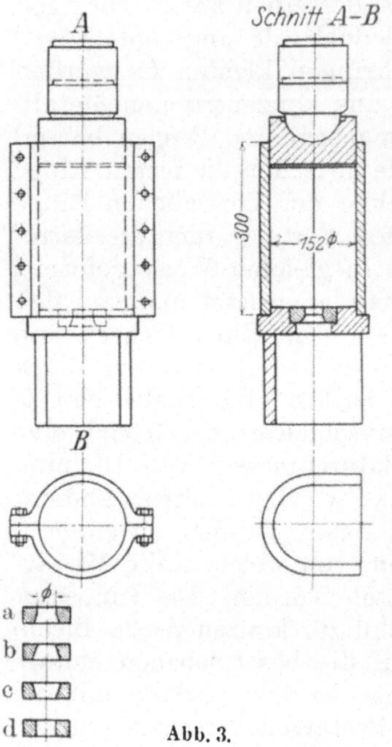

Die Preßscheiben (Matrizen) bestanden aus weichem Stahl. Die Durchmesser der Öffnungen betrugen 95, 65, 36, 20, 12 mm, und zwar waren von jedem Öffnungsdurchmesser verschiedene Düsenformen vorgesehen. Die Bohrungen waren sorgfältig ausgeschliffen. Die Preßscheiben saßen in einem Haltering, auf welchen sich die untere Stirnfläche des Zylinders aufsetzte. Der schmiedeeiserne Kolben enthielt eine Kugelpfanne, in welche sich ein entsprechend geformtes Aufsatzstück setzte.

Die Pressen. Zur Ausführung der Versuche diente eine eigengebaute Handspindelpresse für einen Maximaldruck von 1000 kg. Die Versuche mit der härteren Wachsmasse wurden mangels einer größeren Presse mit Hilfe einer eigens gebauten Druckvorrichtung ausgeführt, welche in eine 25-Tons-Zerreißmachine eingebaut wurde. Es konnte hierbei mithin auch die Belastung direkt abgelesen werden.

Abb. 3.

Die Messung des Kolbendrucks bei der weichen Tonmasse wurde mit Hilfe einer besonderen Vorrichtung durchgeführt. Zwischen zwei durch Stangen gegenseitig geführten Platten wurden gehärtete Spiralfedern angebracht. Die Vorrichtung wurde zwischen die Preßspindel der Handspindelpresse und den Kolben eingebaut. Die Verkürzung der Federn ist dem Druck proportional. An Hand von Eichkurven konnte die zu jeder gemessenen Zusammendrückung gehörige Kraft leicht ermittelt werden. Die Zahl der Federn wurde dem jeweiligen Druckbereich angepaßt, damit sich stets eine genügend genau meßbare Zusammendrückung ergab.

d) Gang der Versuche.

Der aus Ringsätzen und ungefärbten Schichten bestehende Block wurde in eine der beiden Zylinderhälften eingelegt, alsdann wurde die andere Schale aufgesetzt, nachdem zwischen die Flanschen Blechstreifen von 0,4 mm Stärke eingelegt waren. Der Block wurde nun einem Vorpreßdruck unterworfen, um die etwa noch bestehenden Hohlräume zu schließen (bei der Tonmasse 300 kg, bei der Wachsmasse

5000 kg). Die Flanschenschrauben wurden sodann gelöst, der Kolben aus dem Zylinder entfernt und die Blechstreifen zwischen den Flanschen herausgenommen. Durch den Spalt zwischen beiden Schalen wurde ein Stahldraht von 0,3 mm Stärke gezogen, womit der Block in zwei Längshälften zerlegt wurde, deren jede in der zugehörigen Zylinderhälfte verblieb. Der Blocklängsschnitt wurde alsdann abgezeichnet in der Weise, daß ein gut durchscheinendes Papier aufgelegt wurde, auf welchem die Eckpunkte der Ringquerschnitte durch Nadelstiche markiert und die gefärbten Konturen mit farbiger Tusche nachgezeichnet wurden. Die beiden Schalen mit den darin haftenden Blockhälften wurden sodann wieder genau zusammengelegt, wobei durch die Paßstifte die beiden Blockhälften wieder genau aufeinander zu sitzen kamen. Die Flanschen wurden nach Zwischenlegen der Blechstreifen wieder fest verschraubt. Kolben und Matrizenring wurden eingesetzt und das Ganze unter die Presse gebracht. Nach einem bestimmten Kolbenweg — zumeist 20 mm — wurde die Pressung unterbrochen und der Block samt der entstandenen Stange wiederum in der oben beschriebenen Weise zerlegt. Das veränderte Bild des Blocklängsschnittes wurde ebenfalls in der vorbeschriebenen Weise aufgezeichnet. Danach wurden die Blockhälften wieder zusammengesetzt und der Vorgang wiederholt. Wie oben erwähnt, diente zum Pressen der weichen Tonmasse eine Handspindelpresse und zur Messung der Drucke die beschriebene Federmeßvorrichtung. Bei der Wachsmasse war es möglich, am Wagebalken der Zerreißmaschine die Drucke direkt abzulesen. Sämtliche Versuche wurden mit einer Geschwindigkeit des Preßkolbens von 3 mm pro Minute durchgeführt. Nur bei einigen besonderen Versuchen, welche den Einfluß der Preßgeschwindigkeit zeigen sollten, betrug die Kolbengeschwindigkeit 30 bzw. 120 mm pro Minute.

Es wurde so, wie beschrieben, die im Inneren des Blockes vor sich gehende Veränderung stufenweise verfolgt. Es konnte nun der Fall sein, daß die nach dem Durchschneiden wieder aufeinander gesetzten Blockhälften sich nicht wie ein einheitlicher, ungeschnittener Block beim Weiterpressen verhielten. Es trat jedoch selbst bei der recht festen Wachsmasse unter dem beträchtlichen Preßdruck ein Verschweißen der Trennungsflächen ein; um so mehr war dies bei der weichen Ölmasse der Fall. Zudem findet in den durch die Zylinderachse gehenden Schnittflächen aus Symmetriegründen keine Relativverschiebung statt, so daß, selbst wenn kein Verschweißen einträte, trotzdem der längsgeteilte Block genau so fließt wie ein ungeteilter. Schließlich aber boten die senkrecht zur Achse der ausgepreßten Stangen geführten Querschnitte eine gute Kontrolle dafür, daß der Fließvorgang durch den vorherigen Schnitt nicht gestört war: es erschienen dort sämtliche Parallelschichten des Blockes als konzentrische Ringe von gleichmäßiger Wandstärke.

Es war sonach möglich, aus einem und demselben Versuchsblock sämtliche Stufen des Vorganges zu erhalten. Es liegt darin ein großer Vorteil gegenüber den Versuchen von Tresca und Obermayer (s. S. 3). Diese fertigten eine Reihe gleichmäßig präparierter Blöcke an und preßten jeden folgenden Block weiter aus als den vorhergehenden.

Es gehört dabei jedes gewonnene Schnittbild zu einem andern Block-
individuum, worin eine gewisse Fehlerquelle liegt, da die Blöcke nie
ganz genau gleichmäßig präpariert sind. Die Anfertigung vieler Blöcke
ist material- und zeitraubend, warum sich auch die Genannten mit
wenigen Preßstufen begnügten. Es sind aber gerade möglichst viele
Preßstufen zur genauen Erkenntnis der Bewegungsvorgänge unerläßlich
notwendig.

Bei der großen Mehrzahl der Versuche wurde die Pressung nach je
20 mm Kolbenweg unterbrochen und die eingetretenen Verschiebungen
aufgezeichnet. Aus jedem Versuchsblock wurden so 10—12 Stufen
aufgemessen. Nach jeder zweiten Pressung wurde der Blockschnitt
photographiert.

e) Besprechung der Versuchsergebnisse.

Der Verlauf des Fließvorgangs ist an Hand der erhaltenen Längs-
schnittbilder in klarer Weise zu erkennen. Es möge darauf hingewiesen
werden, daß eine weit größere Anzahl von Versuchen photographiert
wurden, es konnte jedoch der Arbeit, wegen des Umfangs derselben,
nur eine kleine Auswahl der Bilder als Beispiele beigefügt werden.   Es
entstammen die Abbildungen:

Nr. 25—31	den Versuchen mit	Wachsmasse,	Matrizenöffnung	65 mm
„ 32—33	„	„	„	„	12 mm
„ 34—35	„	„	„	„	36 mm
„ 36—37	„	„	„	„	95 mm
„ 38	„	„	Ölton,	„	95 mm

Zu Beginn des Preßvorganges (Abb. 25) haben sich die im oberen Teil
des Blockes gelegenen Partien unverändert in Richtung der Zylinderachse bewegt. Es hat hier keine merkliche Relativbewegung in der
Masse stattgefunden. An den Zylinderwänden ist trotz der Reibung
kein Haften eingetreten. Das Material ist an der Wandung entlang
geglitten. Nur in dem in unmittelbarer Nähe der Matrize gelegenen
Teil des Blockes sind Veränderungen vor sich gegangen. Die anfangs
gerade über der Öffnung gelegenen Teile sind fast unverändert durch
dieselbe hindurchgetreten; die anfangs horizontalen Schichten sind zu
trichterförmigen Gebilden umgestaltet worden. Die zu Beginn gleichmäßige Dicke der Schichten hat in der Zylinderachse nach der Mitte
der Öffnung hin zugenommen, nach dem Blockrand zu dagegen abgenommen; das Material ist vom Rand des Zylinders nach der Mitte desselben hingeflossen. Die quadratischen Querschnitte der gefärbten
Ringe haben sich in der Nähe der Öffnung zu Rhomben deformiert,
derart jedoch, daß die im Block anfangs parallel zur Zylinderachse
laufenden Linien auch in der ausgeflossenen Stange parallel zu dieser
sind. In der von der Zylinderwand und dem ringförmigen Boden gebildeten Ecke ist das Material fast unverändert sitzengeblieben.

Der weitere Verlauf des Ausflusses zeigt (Abb. 26), daß die Deformationen der herabsinkenden Schichten stets erst in der gleichen Höhe
über der Matrize beginnen. Die anfangs horizontalen Grenzlinien
der Schichten erfahren eine trichterförmige Ausbauchung, die Teilchen

vollführen dabei eine gegen die Zylinderachse gerichtete Bewegung. Die über der Öffnung befindlichen Elemente werden axial gestreckt, die gegen die Wandung zu gelegenen vertikal gestaucht. In der aus der Mündung ausgetretenen Stange findet keine Relativbewegung mehr statt, die Teilchen bewegen sich von da ab mit konstanter axialer Geschwindigkeit. Die in den Zylinderecken zwischen Zylinderwand und -boden befindlichen Elemente sind in axialer Richtung zusammengedrückt, in radialer stark verlängert worden. Diese Deformation der Randelemente ist in gewisser Höhe über der Matrizenebene am stärksten. Die oberen Teile des Blocks sind wiederum ohne gegenseitige Verschiebung mit der Geschwindigkeit des Kolbens herabgesunken.

Auch im weiteren Verlauf des Ausflusses (Abb. 27—30) zeigen sich dieselben Erscheinungen: In gewisser Höhe über der Matrize beginnt ein Fließen der Teilchen gegen die Öffnung hin unter gleichzeitiger Beschleunigung in axialer Richtung. Die in der Nähe der Zylinderwand gelegenen Teile haben eine weitere radiale Streckung erfahren. Bemerkenswert ist, daß die einzelnen Schichten, aus welchen der Block ursprünglich bestand, während des ganzen Ausflußvorganges niemals vollständig aus dem Zylinder verschwinden. Es sammeln sich die der Wandung nächstgelegenenen Elemente der einzelnen Schichten vielmehr in den Zylinderecken an. Sie erfahren dort eine immer weitergehende Streckung in Richtung auf die Öffnung zu, so daß sie im Schnitt wie zu einem haardünnen Strich ausgezogen erscheinen. Hier ist zweifellos die gegenseitige Verschiebung der Teilchen am stärksten. In der ausgeflossenen Stange bilden sämtliche bis dahin ausgetretenen Schichten konzentrisch ineinandersitzende Rohre. Die Randzone der Stange besteht aus den eben erwähnten papierdünn ausgezogenen Randelementen des Blocks; die äußerste Haut der Stange besteht aus der anfänglich auf der Stirnfläche des Matrizenrings sitzenden Materialschicht Der Grad der Deformation nimmt nach der Achse der Stange hin ab. Es ist hervorzuheben, daß das Material beim Umfließen der scharfen Kante der Matrizenöffnung nicht unganz wird.

Die Betrachtung des Ausflusses aus einer Öffnung von 12 mm Durchmesser (Abb. 32 u. 33) zeigt im wesentlichen das gleiche. Die Deformationen beginnen erst in einer noch geringeren Höhe über der Matrize als bei der weiten Öffnung. Die axiale Streckung der Elemente ist entsprechend der kleineren Öffnung stärker. Auch hier ist das Ansammeln der anfangs am Blockrand gelegenen Teile in den Zylinderecken festzustellen. Trotz der scharfen Kante der Matrize ist der Fließvorgang stetig; ein Abtrennen des Materials tritt nicht auf.

Bemerkung: Die Einbuchtung an der unteren Stirnfläche des Blocks rührt daher, daß das Material nach der Entlastung an den Seiten etwas mehr zurückfederte als in der Mitte, weil der Druck an jenen Stellen ein besonders hoher ist, was übrigens durch spätere Versuche (s. Abschn. IV) bestätigt wird.

Wie oben erläutert, sind die eigentlichen Fließvorgänge im Innern des Blocks auf bestimmte Zonen beschränkt. Die gegenseitige Verschiebung der Teilchen findet vornehmlich in unmittelbarer Nähe der Öffnung statt. Diese Zone wollen wir als das „Hauptfließgebiet" bezeichnen. Die ankommenden Elemente erfahren an den gleichen Stellen im Zylinder stets die gleichen Deformationen. Man kann sonach die Bewegung der Teilchen als Funktion ihrer jeweiligen Lage im Zylinder betrachten: Im oberen Teil des Zylinders bis zu einer gewissen Höhe über dem Boden findet keine merkliche Relativbewegung statt. Es ist hier ein Gebiet reiner Axialverschiebung, die Teilchen wandern dort parallel zur Zylinderachse nach unten. Erst kurz über der Öffnung tritt eine Bewegung nach der Zylinderachse hin auf, wobei gleichzeitig eine axiale Beschleunigung eintritt bis auf die Geschwindigkeit der ausfließenden Stange. Diese Geschwindigkeit ist im Verhältnis von Zylinderquerschnitt zum Öffnungsquerschnitt größer als die Kolbengeschwindigkeit. In den vom Boden und Zylinderwand gebildeten Ecken tritt eine Verzögerung der Teilchen in axialer Richtung auf; die Axialgeschwindigkeit nimmt bis zur Kante zwischen Wand und Boden bis auf den Wert 0 ab. Die anfangs rechteckigen Querschnitte der Ringe erleiden dabei die erwähnte radiale Verlängerung bei axialer Verkürzung.

1. Das Strömungsbild des Preßvorganges.

Zu einem übersichtlicheren Einblick in die Bewegungsvorgänge, als es durch die Betrachtung der eingetretenen Deformationen geschieht, kommt man durch Aufzeichnung von Strombildern. Trägt man die Wege auf, die von den einzelnen, in der Masse verteilten Punkten zurückgelegt wurden, während der Kolben sich um ein kleines Stück $\varDelta s$ abwärts bewegt hat, so geben diese Wege die Richtung der Bewegung an den einzelnen Stellen im Zylinder an. Die Längen der Wegstrecken bilden dabei ein vergleichendes Maß für die Geschwindigkeit. Zieht man nun Linien derart, daß ihre Richtung jeweils der durch die kleinen Wegstrecken angegebenen Richtung entspricht, so erhält man Kurven, welche die augenblickliche Bewegungsrichtung — die nämlich während des Kolbenvorschubs um $\varDelta s$ herrschte — angeben: die sog. Stromlinien. Hat man dieselben nun so gezogen, daß sie im oberen Teil des Zylinders, wo sie zueinander und zur Achse parallel verlaufen, gleichen Abstand voneinander haben, so kann aus dem Strombild direkt auf die an den einzelnen Stellen der Masse herrschenden Geschwindigkeiten geschlossen werden[1]. Die Bewegung erfolgt längs den Stromflächen, hier Rotationsflächen, deren Meridianschnitte die obigen Stromlinien sind. Es bleibt mithin das zwischen je zwei Stromflächen befindliche Material während der Bewegung zwischen diesen eingeschlossen. Solange die Stromlinien selbst ihre Lage nicht verändern, ist die Bewegung der Masse stationär. Da, wo der Durchflußquerschnitt zwischen je zwei Stromflächen (der Querschnitt der sog. Stromröhre) sich verkleinert, muß wegen des konstant bleibenden Volumens die Geschwindig-

---

[1] Vorausgesetzt, daß an der Zylinderwand kein Haften stattfindet, wie bei zähen Flüssigkeiten. Wie die Versuche zeigten, tritt bei plastischen Massen ein Gleiten an den Wänden auf. Im oberen Teil des Zylinders ist diese Gleitgeschwindigkeit gleich der Geschwindigkeit des Kolbens (s. weiter unten).

keit der Masse zunehmen und umgekehrt. Der jeweilige Durchflußquerschnitt (s. Abb. 4) ist mithin umgekehrt proportional der
Geschwindigkeit an der betreffenden Stelle. Es gilt also $f_1 \cdot v_1$
$= f_2 \cdot v_2 =$ konst. Dabei ist das spezifische Volumen $\dfrac{1}{\gamma}$ als konstant
angenommen; die Änderung desselben mit dem Druck ist bei den
plastischen Massen und den Metallen vernachlässigbar klein. Im oberen
Teil des Blocks sind die Linien mit gleichem Abstand gezogen. Der
ringförmige Querschnitt einer im Abstand r_0 von der Achse befindlichen
Stromröhre ist dort $f_0 = 2\pi r_0 a_0$; an irgendeiner andern Stelle habe
die Stromröhre den Querschnitt $f = 2\pi r a$ (wobei a der senkrechte
Abstand der Stromflächen von einander). Die Geschwindigkeit ist den
Querschnitten umgekehrt proportional. Im oberen Teil des Blocks

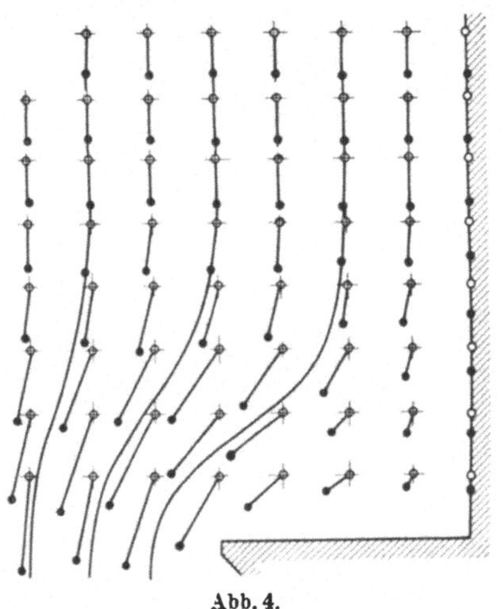

Abb. 4.

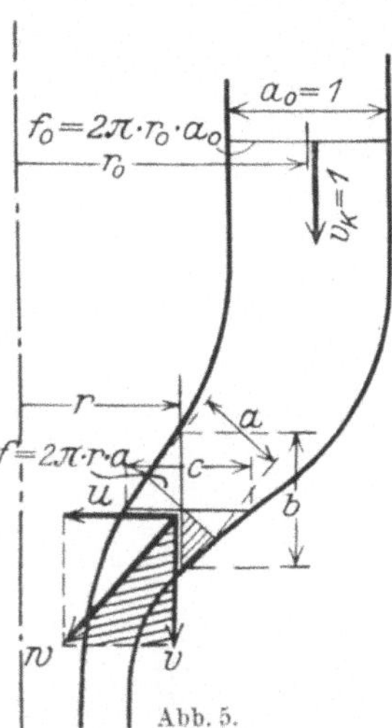

Abb. 5.

ist der gleichmäßige Abstand der Stromlinien $= a_0$, die Geschwindigkeit ist dort überall gleich der des Kolbens: v_k. Setzt man $a_0 = 1$ und
$v_k = 1$, so ist $\dfrac{f_0}{f} = \dfrac{2\pi r_0 a_0}{2\pi r a} = \dfrac{r_0}{r}\dfrac{1}{a} = w$ die Geschwindigkeit in f. Oder,
wenn man w in seine Komponenten u, v zerlegt, so ist $u = \dfrac{1}{b}\dfrac{r_0}{r}$ und
$v = \dfrac{1}{c}\dfrac{r_0}{r}$, wenn b und c der senkrechte bzw. wagrechte Abstand der
Stromlinien an jeder Stelle ist. Die Richtigkeit ersieht man sofort aus
der Ähnlichkeit der schraffierten Dreiecke. Das Strombild stellt die
augenblicklich, nämlich während des kleinen Kolbenweg $\varDelta s$ bestehende
Strömung dar. Ändert sich dieses Strombild im Verlauf der ganzen
Pressung nicht, so ist die Strömung stationär, es verändern alsdann die
Stromlinien ihre Form und Gestalt nicht; die Stromröhren bilden dann
quasi Kanäle, durch welche die Masse fließt.

Es wurden nun aus je zwei aufeinander folgenden Pressungsstufen
die Strombilder in der beschriebenen Weise aufgezeichnet. Die Abstände der Stromlinien entsprechen den Abständen der Kanten der

Ringquerschnitte. Es ist mithin der Abstand der Stromlinien vom Blockrand kleiner, weil dort die Ringe nur eine Breite von 8,5 mm hatten (s. Abb. 2 auf S. 6), was bei der Betrachtung der Bilder zu beachten ist. Es zeigte sich nun, daß die zu einer Versuchsserie gehörigen, aus je zwei aufeinander folgenden Pressungen gewonnenen Strombilder einander völlig gleich waren. Erst wenn der Kolben in die Nähe der Matrize kommt, verändern die Stromlinien ihre Lage. Sie nehmen dann die in Abb. 6 gestrichelt gezeichnete Lage ein, derart, daß der Abstand vor dem Kolben gleich groß wurde, weil ja dort die Geschwindigkeit gleichmäßig verteilt ist. Bis zu dem Augenblick, wo der Kolben in das „Hauptfließgebiet" eindringt, ist die Strömung sonach als stationär

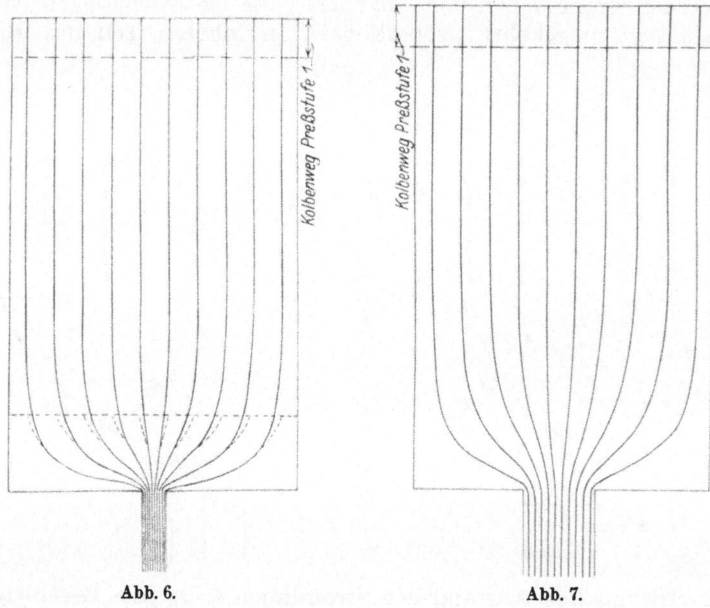

Abb. 6.   Abb. 7.

zu betrachten. Aus den Strombildern der Abb. 6—9 ist der Verlauf der Strömung anschaulich zu erkennen:

Im oberen Teil des Zylinders herrscht eine rein axiale Bewegung. Die Stromlinien verlaufen parallel zueinander. In gewisser Höhe über der Matrize erfahren die Kurven eine nach der Öffnung hin gerichtete Krümmung. Diese Krümmung ist um so schärfer, je weiter die betreffende Stromlinie von der Zylinderachse entfernt ist. Der Übergang vom gestreckten Teil der Kurven in den gekrümmten geschieht ebenfalls um so plötzlicher, je näher die Stromlinie an der Zylinderwand verläuft. Die schärfste Krümmung besteht unmittelbar an der Eintrittskante der Öffnung; dort ist mithin die Deformation des Materials am schärfsten. Der Übergang der Strömung zwischen „Hauptfließgebiet" und der reinen Axialströmung im oberen Teil ist stetig; die Kurven nehmen nach oben hin einen asymptotisch sich parallelen Graden nähernden Verlauf. Wie oben erläutert, ist in die an jeder Stelle herrschende

Geschwindigkeit erstens prop. dem Abstand der Stromlinien voneinander, zweitens prop. der Annäherung an die Achse[1]. (Es ist dabei, wie bereits erwähnt, zu berücksichtigen, daß die dem Blockrand benachbarte Linie in engerem Abstand gezogen ist, weil der Block entsprechend präpariert war (s. Abb. 2, S. 6).) In der Nähe der Achse erfahren die Stromröhren (d. h. der zwischen je zwei Stromlinien befindliche Raum) eine gleichmäßige Verengung nach der Öffnung hin, die Geschwindigkeit nimmt somit gleichmäßig zu. In der Nähe des Blockrandes dagegen werden die senkrecht gemessenen Abstände der Stromlinien nach unten hin zunächst größer, was auf Verringerung der Geschwindigkeit schließen

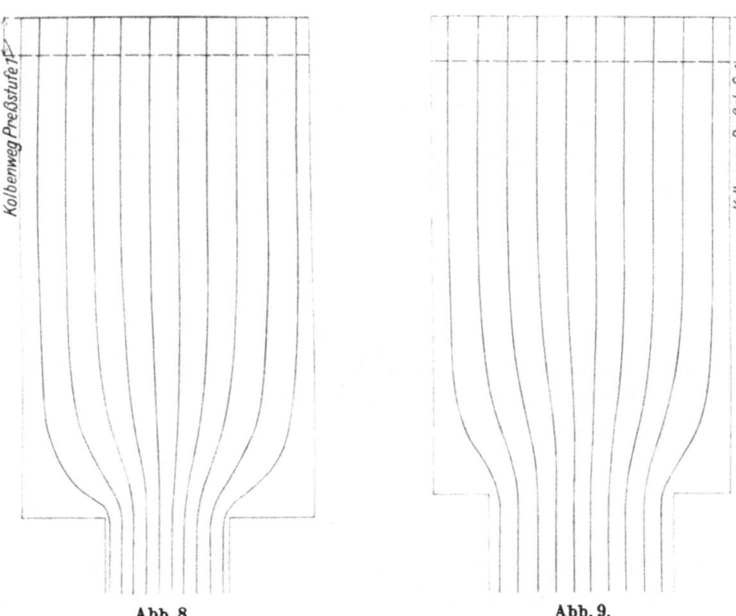

Abb. 8. Abb. 9.

läßt; dann erfolgt dort eine schnell zunehmende Verengung unter gleichzeitigem Abbiegen in radialer Richtung. Beide Anzeichen deuten auf starkes Anwachsen der Geschwindigkeit des Materials. Zahlenmäßig ist die Geschwindigkeit überall im Verhältnis der Verengung der Stromröhre größer als die Kolbengeschwindigkeit.

Nach Verlassen der Öffnung hat sich der Abstand sämtlicher Stromlinien im Verhältnis $\dfrac{\text{Zylinderdurchmesser}}{\text{Öffnungsdurchmesser}}$ verkleinert; die Verengung der ringförmigen Querschnitte der Stromröhren ist dort unter sich gleich, und zwar auf den Betrag $\dfrac{R^2}{r^2}$ gestiegen. Die ursprünglich quadratischen Querschnitte der Ringelemente sind in der Stange sämtlich im selben Verhältnis $\dfrac{R}{r}$ vergrößert, da das Volumen jedes Ring-

---

[1] Denn $f = 2\pi \cdot r \cdot a$ (s. oben).

elements konstant bleibt und sämtliche Achsabstände sich in diesem Verhältnis verkleinert haben. Mithin ist die **axiale Streckung** der Elemente dort überall $= \dfrac{R^2}{r^2}$.

Die Geschwindigkeit des Materials ist entsprechend gewachsen. Kurz nach Verlassen der Öffnung haben sich die Geschwindigkeitsunterschiede in den einzelnen Stromröhren ausgeglichen. Die noch unmittelbar über derselben bestehenden Unterschiede der Geschwindigkeit in den Stromröhren gleichen sich deshalb schnell aus, weil ja Kräfte auf die Stange nur noch von der Stirnseite aus, welche mit dem Zylinderinnern in Verbindung steht, wirken können. Die eventuell bestehenden Geschwindigkeits- und damit Druckunterschiede können sich, da ja der Mantel der Stange nicht umschlossen ist, durch eine Veränderung des Durchmessers der Stange ausgleichen (vgl. S. 49). Der Durchmesser der Stange wurde etwas größer gefunden, als die lichte Weite der Öffnung infolge der dem Material eigenen Volumelastizität; ohne dieselbe würde umgekehrt der Durchmesser der Stange kleiner als der der Öffnung sein (vgl. S. 38).

Die stärksten **relativen** Verschiebungen des Materials werden da auftreten, wo die Geschwindigkeitsunterschiede am größten sind. Man erkennt aus dem Strombild, daß dieses gerade an der Kante der Matrize der Fall ist.

Die Verteilung der Beschleunigungen.

In analoger Weise kann man die **Verteilung der Beschleunigungen** aus dem Strombild ablesen. Parallel verlaufende Stromlinien zeigen an, daß die Geschwindigkeit gleichbleibt, die Beschleunigung mithin gleich Null ist. Verengung der Stromröhren, ferner nach der Achse zu gerichtete Bewegung deuten auf Vergrößerung der Geschwindigkeit, d. h. auf Beschleunigung. Letztere ist um so größer, je stärker zwei benachbarte Stromlinien erstens gegeneinander und zweitens gegen die Achse geneigt sind. Man sieht aus den Abb. 6—9, daß die Beschleunigungen am größten unmittelbar an der Eintrittskante der Matrize sind, denn dort verlaufen die Strombahnen mit der stärksten Neigung zur Zylinderachse und zueinander.

2. Der stationäre Charakter der Strömung.

Es wurde bereits oben darauf hingewiesen, daß die aus je zwei aufeinander folgenden Pressungen gewonnenen Stromlinienbilder so lange dieselben bleiben, bis der Kolben in unmittelbare Nähe der Matrize kommt und dabei in das Hauptfließgebiet eindringt. Erst dann tritt eine Verlagerung der Stromlinien in der in Abb. 6 angedeuteten Weise ein. (Strenggenommen werden sich die Stromlinien allerdings dauernd verändern, denn es handelt sich ja nicht um einen Ausfluß bei konstantem Niveau; auch im oberen Teil des Zylinders werden minimale Relativverschiebungen eintreten. Es nehmen diese jedoch mit wachsender Entfernung von der Öffnung so schnell ab, daß, wie oben geschehen, die Relativbewegung des Materials als auf das Hauptfließgebiet beschränkt angesehen werden kann; bis der Kolben in dieses eindringt, ist der Strömungsvorgang mit sehr großer Annäherung stationär.)

Aus dem Vergleich der Strombilder war ohne weiteres zu ersehen, daß an derselben Stelle im Zylinder dauernd derselbe Geschwindigkeitszustand herrscht. Es finden mithin an derselben Stelle auch dauernd die gleichen Deformationen statt. Jedes Teilchen macht auf seinem Weg durch den Zylinder nacheinander die an jeder Stelle bedingten Verformungen durch. Es werden also alle ankommenden Schichten, welche die gesamte Fließzone durchwandert haben, sämtlich in der Stange gleichartig deformiert erscheinen, nur diejenigen welche sich zu Beginn des Ausflußvorgangs in der Nähe der Öffnungslagen, also im Deformationsgebiet selbst, befanden, erscheinen in der Stange in geringerem Grade deformiert, weil sie ja nicht die ganze Fließzone bis zu ihrem Austritt aus der Öffnung durchflossen haben und mithin nur die zwischen ihrer Anfangslage und der Mündung erfolgenden Verformungen erfahren haben. An jeder Stelle ihres Weges aber haben sie die dort obwaltende Deformation erlitten. Eine Schicht, welche die ganze Fließzone durchwandert, bleibt so lange mit dem Zylinderinnern in Verbindung, bis sie zu einer einzigen Molekülreihe ausgezogen ist, fließt aber (bei genügender Dauer des Vorgangs, d. h. genügender Länge des Blocks) schließlich vollkommen aus. Desgleichen würde bei genügender Dauer des Vorgangs das in den Zylinderecken sitzende, fast ruhende Material vollkommen zum Ausfluß gelangen.

Bei der Beurteilung des Beharrungszustandes auf Grund der aus den Blockschnitten ersichtlichen Deformationen ist das oben Erwähnte zu beachten.

Der Beharrungszustand, d. h. die Einstellung bestimmter Geschwindigkeiten (bzw. Geschwindigkeitsabfälle von Punkt zu Punkt) an bestimmten Stellen im Zylinder tritt auf, sobald das Material beginnt aus der Öffnung zu fließen, und dauert an, bis die Blockhöhe soweit abgenommen hat, daß der Kolben in die Zone der Relativbewegungen eindringt.

3. Die Bahnkurven der Teilchen.

Man hat in der oben beschriebenen Art aus je zwei Blocklängsschnitten zu Beginn und Ende jeder Teilpressung ein Strombild erhalten, das den augenblicklichen Bewegungszustand vollkommen dartut. Es interessieren nun weiterhin die Bahnen, welche die einzelnen Punkte des Blocks während des Preßvorgangs durch das Innere des Zylinders beschreiben. Um diese Bahnen zu erhalten, wurde die jeweilige Lage einzelner bestimmter Punkte aufgezeichnet, welche diese von Preßstufe zu Preßstufe nacheinander einnahmen. Es wurde dies mit verschiedenen Punktreihen durchgeführt, die anfangs im oberen oder mittleren Blockteil lagen. Die erhaltenen „Bahnkurven" decken sich recht gut mit den vorher besprochenen Stromlinienbildern, d. h. also daß die im Stromlinienbild für einen bestimmten Augenblick ermittelte

Bewegung der Masse während des ganzen Verlaufs der Pressung dieselbe bleibt. Es zeigt sich dadurch wiederum, daß die Strömung stationär ist, d. h. die Stromlinien als gedachte unveränderliche Kanäle zu betrachten sind, längs denen die einzelnen Teilchen wandern. In dem beigefügten Bild von Bahnkurven (Abb. 10) wurden gleichzeitig die anfangs auf einer Horizontalen gelegenen Punkte durch gestrichelte Linien verbunden, um die jeweilige Stellung derselben zueinander zu kennzeichnen.

Es mögen nun die mit verschiedenen plastischen Massen, verschiedenen Matrizen, verschiedenen Preßgeschwindigkeiten durchgeführten Versuche miteinander verglichen werden.

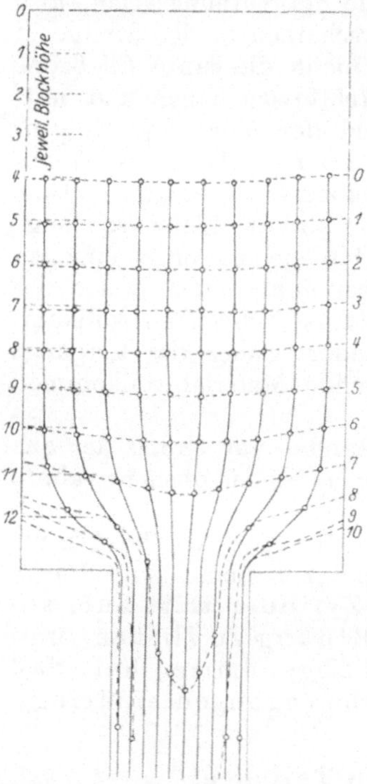

4. Der Einfluß der Plastizität auf die Fließbewegung.

Die mit der weichen Öltonmasse und der festen Wachsmasse erhaltenen Bewegungsvorgänge sind völlig gleich, ein an sich überraschendes Resultat, da ja die Wachsmasse eine mehrfach größere Druckfestigkeit besaß als die Tonmasse (s. S. 4 bzw. 5. Vergleiche übrigens auch den Versuch mit Blei im Abschnitt III, S. 54). Es sind demnach die Bewegungsvorgänge lediglich von den geometrischen Bedingungen abhängig, d. h. vom Verhältnis des Zylinderdurchmessers zum Durchmesser der Matrize. Da die Bewegung der einzelnen Teilchen eine Folge der Druckunterschiede im Innern des Blocks ist, so ist aus der Gleichheit der Geschwindigkeitsverteilung bei Massen verschiedener Plastizität der Schluß zu ziehen, daß auch die relative Verteilung der Drucke unabhängig von

Abb. 10.

dem Härtegrad bzw. von der inneren Reibung ist. Bei der härteren Masse sind lediglich die Absolutwerte der Drucke größer als bei der weicheren Masse. Diese Erkenntnis deckt sich mit den Versuchen von Rummel (Stahl und Eisen 1919). Derselbe erkannte bei der Untersuchung des Stauchvorganges, daß die Verschiebungen unabhängig von dem Grad der Plastizität des Materials ist. Daraus, daß die Wandreibung an Zylinder und Matrize bei verschiedenen Massen dieselbe Wirkung auf die Verschiebungsvorgänge ausübt, ist zu schließen, daß sie in einem bestimmten konstanten Verhältnis zur inneren Reibung des Materials steht (vgl. Abschnitt III, S. 52).

5. Einfluß der Größe der Ausflußöffnung.

Sowohl die Versuche mit Ton als auch mit der Wachsmasse wurden mit Öffnungsdurchmessern von 95, 65, 36 und 12 mm durchgeführt. Von den Tonversuchen ist nur eine Abbildung als Beispiel angefügt (Abb. 38). Wie die Betrachtung der Abbildung lehrt, ist die Deformation der Teile weniger regelmäßig verlaufen als bei der Wachsmasse; es liegt dies daran, daß trotz sorgfältigster Verknetung der Masse manche Stellen doch noch geringe Unterschiede in der Härte haben. Überdies ließ sich ein leichtes Verschmieren der Schnittflächen durch den Stahldraht beim Durchschneiden des Blocks wegen der großen Weichheit der Masse nicht ganz vermeiden. Die Versuche zeigten aber immerhin das Wesentliche, den Verlauf der Deformationen, zur Genüge. Der Durchmesser der Matrize, oder besser gesagt das Verhältnis von Zylinderdurchmesser zum Durchmesser der Matrize hat naturgemäß einen wesentlichen Einfluß auf den Bewegungsvorgang im Innern der Masse. Je kleiner der Mündungsquerschnitt ist, um so näher liegt das Hauptfließgebiet an der Matrize, um so stärker ist ferner die Verengung der Stromröhren, um so größer die an derselben Stelle des Zylinders herrschende Beschleunigung (vgl. Abb. 6—9). Die relativen Verschiebungen des Materiales sind gleichfalls um so stärker. Je größer der Matrizendurchmesser, d. h. um so mehr sich also das Verhältnis Zylinderdurchmesser zum Mündungsdurchmesser der Zahl 1 nähert, um so weniger gekrümmt verlaufen die Stromlinien, d. h. um so geringer sind die relativen Bewegungen der Masse. Es ragt aber das „Hauptfließgebiet" bei dem größeren Mündungsdurchmesser weiter in das Innere des Zylinders hinein als bei dem kleineren Durchmesser.

6. Einfluß der Form der Matrize auf die Bewegung.

Die Profilform der Matrize ist von geringem Einfluß auf den Fließvorgang. So zeigte sich z. B. die Länge des zylindrischen Teils der Öffnung ohne Einfluß auf die Bewegungsvorgänge. Allerdings wird der größeren Reibungslänge der Stange entsprechend der zum Ausfluß erforderliche Kolbendruck größer. Ferner wurde gefunden, daß die Fließvorgänge nur unwesentlich beeinflußt wurden, wenn die Matrize umgekehrt, d. h. mit dem konischen Teil nach dem Zylinder hin eingesetzt wurde. Die größte Mehrzahl der Versuche wurde mit nur wenig abgerundeter Eintrittskante durchgeführt (Abrundungsradius $r = 1$ mm; s. Abb. 3) entsprechend der Form der Preßmatrizen beim betriebsmäßigen Stangenpressen aus Metallen nach dem Dickschen Verfahren (s. Teil II). (Über die Form der Matrize vgl. auch Teil II, S. 38.)

7. Der Einfluß der Preßgeschwindigkeit.

Die Versuche wurden, wie früher erwähnt, mit einer Kolbengeschwindigkeit von 3 mm pro Minute durchgeführt. Um den Einfluß der Preßgeschwindigkeit auf die Bewegungserscheinungen kennenzulernen, wurden sowohl bei der Wachsmasse als auch bei der Öltonmasse einige Pressungen mit einer Geschwindigkeit von 30 und 120 mm pro Minute durchgeführt. Die Preßgeschwindigkeit zeigte sich in diesen Grenzen als ohne erkennbaren Einfluß auf die Verschiebungen in der Masse. Wohl aber ist die Geschwindigkeit von großem Einfluß auf die absolute Größe des Drucks. Es zeigt sich hierin die Analogie der plastischen Massen mit den zähen Flüssigkeiten, bei welchen bekanntlich für eine wachsende Deformationsgeschwindigkeit auch ein größerer Druck erforderlich ist.

Wenn also die Plastizität des Materials sowie die Form der Matrize und auch die Geschwindigkeit des Kolbens keinen Einfluß auf die Bahnen der Teilchen in der Masse haben, sondern die Bewegungserscheinungen lediglich vom Verhältnis der Durchmesser von Zylinder und Matrizenöffnung abhängen, so ist damit gesagt, daß die Bewegungsvorgänge, soweit sich aus den angestellten, umfangreichen Versuchen erkennen ließ, nur von den geometrischen Bedingungen abhängig sind. Es wurde bereits darauf hingewiesen, daß diese Erkenntnis mit den Beobachtungen von Rummel (s. oben) beim Stauchversuch im Einklang steht.

Bemerkung: Die Form des Öffnungsquerschnitts ist naturgemäß von großem Einfluß auf die Bewegung in der Masse. Die vorliegende Arbeit beschränkte sich auf kreisrunde Öffnungsquerschnitte, welche zur Zylinderachse konzentrisch waren. Versuche über die Fließbewegung beim Pressen von Rohren und von Rechtkantprofilen aus Metall werden folgen und in der Fachliteratur veröffentlicht werden.

8. Kurze Zusammenfassung der Haupterkenntnisse.

1. Die Relativverschiebung in der Masse findet in einer in der Nähe der Matrize gelegenen Zone statt, dem „Hauptfließgebiet".

2. Die Bahnen, längs denen die Strömung verläuft, bleiben bestehen, d. h. die Strömung innerhalb der Masse ist stationär so lange, bis der Kolben in das „Hauptfließgebiet" eingedrungen ist.

3. Das Hauptfließgebiet ragt um so weiter in den Zylinder hinein, je größer die Öffnung der Matrize im Verhältnis zum Zylinderdurchmesser ist; in gleichem Maße nimmt die Krümmung der Strombahnen ab.

4. In den von Zylinderwand und Boden gebildeten Ecken befindet sich ein Strömungsschatten. Es ist dort die Bewegung der Masse gering, jedoch nicht Null.

5. Die stärkste Relativbewegung der Masse findet an der Grenze zwischen dem Hauptfließgebiet und jenem Strömungsschatten statt. Sie erreicht den Höchstwert beim Umströmen der Kante der Matrize.

6. Die Art des Materials und die Geschwindigkeit des Kolbens haben auf die Bahnen der Teilchen keinen erkennbaren Einfluß.

II. Die Bewegungsvorgänge beim Pressen von Metallen in der Wärme nach dem Dickschen Strangpreßverfahren.

1. Einleitung.

Der Ausflußvorgang plastischen Materiales hat weitgehende technologische Bedeutung. Wie bereits eingangs der Arbeit bemerkt, wird das Strangpreßverfahren in der Seifenindustrie, der Gummiwarenfabrikation, der Tonindustrie, der Schießpulverherstellung usw. zur Herstellung runder oder prismatischer Stangen angewendet. Die technisch hervorragendste Anwendung stellt jedoch zweifellos das Metallstrangpreßverfahren dar. Die Herstellung von Bleistangen und -rohren durch Pressen des in den Zylinder gegossenen, eben erstarrten Metalls war schon lange bekannt. Durch einen Deutschen, namens Frank, dann in großem Stil durch den Holländer Dick wurde das Strangpreßverfahren auch auf härtere Metalle wie Kupfer, Messing, Aluminium übertragen, wobei die vorher gegossenen Blöcke in angewärmtem Zustand zum Verpressen gelangten.

Der technische Fortschritt, der damit erreicht war, liegt klar auf der Hand. Es verlohnt sich deshalb, bei der großen Verbreitung des Verfahrens die Bewegungsvorgänge, die in einer warmen Metallmasse während des Pressens vor sich gehen, zu studieren.

Unterschied gegenüber den im Abschnitt I betrachteten plastischen Massen: Es wird zu erwarten sein, daß die Bewegungsvorgänge andere sein werden als bei den kalt verpreßten plastischen Massen. Die Metallblöcke bestehen aus einem Haufwerk von Kristallen, welche als solche je nach der Lage ihrer kristallographischen Achsen in verschiedenen Richtungen verschiedenen Fließwiderstand haben. Die zum Pressen verwendeten Blöcke oder Barren sind gegossen, sie haben mithin an der Außenseite eine spröde Gußhaut, ferner ist das Kristallgefüge innen und außen unterschiedlich, da außen eine schnellere Erstarrung erfolgte als innen. Es werden außen die Kristalle entsprechend der großen Abkühlungsgeschwindigkeit kleiner sein als innen. Durch die langsamere Abkühlung im Kern ist die Möglichkeit zur Bildung von Hohlstellen — Lunkern — gegeben, ferner können bei Legierungen Entmischungsvorgänge — Seigerungen — auftreten. Beim Pressen kühlt sich der Metallblock an den Außenseiten ab, wodurch das Material örtlich härter wird. Im ganzen gesagt, haben wir es also mit einem inhomogenen plastischen Material zu tun. Die oben angeführten Umstände sind je nach Material, Gefüge, Temperatur des Blocks und des Zylinders verschieden und werden entsprechend die Fließvorgänge beeinflussen und das aus den Versuchen mit plastischen Massen gewonnene charakteristische Bild der Ausflußerscheinungen homogenen Materials stören.

2. Die in der Literatur veröffentlichten früheren Arbeiten über die Fließvorgänge beim technischen Strangpressen.

Die ersten Versuche dieser Art sind von Schweißguth veröffentlicht[1]. Schweißguth wurde durch Fabrikationsfehler bei der Herstellung von Messingstangen zu seiner Untersuchung über den Fließvorgang veranlaßt. Es traten in den Stangen unganze Stellen auf, die sich unter Umständen über die gesamte Länge der Stange erstreckten. Da diese Unganzheiten offenbar vom Lunker oder von der spröden, unplastischen Oxydhaut herrührten, so beabsichtigte Schweißguth die Wanderung dieser Teile beim Pressen zu erkunden. Er brachte Bohrungen an der Zylinderfläche des Blocks, ferner an dessen Stirnflächen an und füllte diese Bohrungen mit numerierten Eisenstopfen, ferner mit Eisen- bzw. Kupferfeilspänen; des weiteren umgoß er konzentrisch umeinander gestellte Kupferblechzylinder mit Messing. Die so präparierten Blöcke verpreßte er und studierte am aufgesägten Block die Wanderung der absichtlich eingesetzten Fremdkörper. Er fand dabei als wesentliches Ergebnis, daß die Außenhaut des Blockes sich am Kolben (bzw. an der vor diesen gelegten Vorlegscheibe) staucht, sich dort sammelt, und nach entsprechendem Fortschritt der Pressung nach der Mitte der Stange hinabfließt (s. Abb. 11). Sobald die Oxydhaut in der Stange erscheint, muß bei der Fabrikation die Pressung unterbrochen werden, da von diesem Augenblick an die Stange nicht mehr einwandfrei ist. Schweißguth unterscheidet drei Teile des Blocks: der mittlere zwiebelförmige Teil ist V_1, der diesen umgebende V_2, der auf dem Kolben sitzende, kegelförmige ist V_3. Nur das aus V_1 stammende Material liefert einwandfreie, fehlerfreie Stangen. Der Abfluß der Oxydhaut V_2 in die Stange findet statt, nachdem der Teil V_1 ausgeflossen ist. Des weiteren hat Schweißguth den Druckverlauf im hydraulischen Zylinder während des Pressens verfolgt und in Gestalt von Manometerkurven niedergelegt.

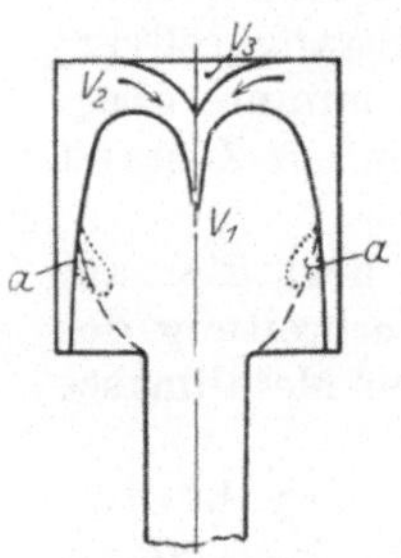

Abb. 11.
Die Bewegung
der Oxydhaut
nach Schweißguth.

Eine weitere Arbeit über die Fließvorgänge stammt von Doerinckel und Trockels[2]. Um den Fließvorgang kenntlich zu machen, setzten Doerinckel und Trockels Blöcke aus Messingscheiben zusammen, zwischen welche Scheiben aus Messingblech von verschiedener Legierungszusammensetzung gelegt wurden. Scheiben und Blechzwischenlagen wurden durch zwei in axialer Richtung verlaufende Halte-

---

[1] Schweißguth: Schmieden und Pressen. Julius Springer, Berlin 1923. Ferner Z. V. d. I. 1918, S. 281.

[2] „Fließvorgänge im Messingblock beim Stangenpressen", Z. f. Metallkunde 1921, S. 466.

stangen miteinander verbunden. Es wurde in dieser Weise eine Serie von Blöcken vorbereitet und nun jeder folgende Block weiter ausgepreßt als der vorhergehende. Die in der Mittelachse längs aufgeschnittenen Blöcke wurden gehobelt und geätzt, wodurch die Deformation der Blechzwischenlagen sichtbar gemacht wurde. Zur Auswertung ihrer Versuche verfolgen Doerinckel und Trockels die Verschiebung der Schnittpunkte der Mittelachse mit den Zwischenlagen; sie stellen fest, in welchem Maße sich diese Teilchen im Verlaufe der Pressung gegen die Matrize hin beschleunigen. Es wird die Beobachtung Schweißguths bestätigt, daß die Stauchung des Blockes (vom Blockdurchmesser bis auf den Zylinderdurchmesser) am Stempel beginnt und schrittweise gegen die Matrize hin fortschreitet. Es wird dies darauf zurückgeführt, daß die Randteile der dem Stempel (Vorlegscheibe) zunächst liegenden Schichten infolge der Randreibung zurückgehalten werden und dadurch die Mitte der Scheiben entsprechend voreilt. Die Forscher stellen ferner am Gefüge des Blocks fest, daß die Gußstruktur des Materials in dem zuerst ausgetretenen Stück der Stange erhalten geblieben ist; ferner bleibt sie erhalten in den unmittelbar über der ringförmigen Matrizenscheibe gelegenen Partien, sowie in dem vor der Mitte des Druckstempels gelegenen Teil. Es wird daraus geschlossen, daß an diesen drei Stellen keine Relativverschiebung der Teilchen stattgefunden hat. Schließlich ist noch hervorzuheben, daß in den oberen Randzonen des Blocks eine starke Bewegung entgegen der Preßrichtung, also gegen den Stempel hin, festgestellt wurde.

Kritik der beiden Arbeiten. Die Arbeiten von Schweißguth einerseits und Doerinckel und Trockels andererseits decken sich in den wesentlichen Punkten. Es sind wertvolle Aufschlüsse über die Bewegung des Materials erlangt worden. Schweißguth hat insbesondere die technologisch wichtigste Frage der Wanderung der unreinen Oxydhaut untersucht, während Doerinckel ein klares Bild der Deformation von ursprünglich zur Blockachse senkrechten Schichten gewinnt. Aus beiden Arbeiten aber kann man die Bewegung einzelner bestimmter Punkte des Blocks nicht quantitativ verfolgen. Die Arbeit Doerinkkels läßt zwar die Bewegung der in der Blockachse gelegenen Teilchen erkennen (Schnitt der Zylindermitte mit den Blechscheiben); ferner die Bewegung der am Blockrand gelegenen Punkte (Endpunkte der Zwischenlagen im Schnitt); nicht aber kann man die Wanderung der zwischen Blockrand und Mitte gelegenen Teilchen verfolgen, da keine solchen Punkte auf den Blechscheiben anfänglich markiert waren.

Sonach erschien es für weitere Untersuchungen des Preßvorganges als wesentlich, Punkte so im Block zu markieren, daß die Bewegung in sämtlichen Partien des Blocks quantitativ verfolgt werden konnte. Doerinckel schlug an anderer Stelle vor[1], Blechringe aus verschiedenem Material ineinander zu legen und so die Blechscheiben zu unterteilen; Versuche dieser Art sind jedoch von demselben nicht gemacht worden. Diese Anordnung hat den Nachteil, den übrigens auch die Massivblech-

---

[1] Gelegentlich einer persönlichen Korrespondenz mit d. Verf.

scheiben zeigen, daß nämlich der Block aus zu vielen Einzelteilen besteht, welche während des Pressens bei ungenügender Verschweißung gegeneinander gleiten können, womit das Bild der Fließvorgänge gestört wird.

3. Eigene Versuche.

a) Problemstellung.

Ein Versuchsprogramm für weitere Versuche über die Bewegungserscheinungen beim Pressen von Metallen mußte nach den oben besprochenen Arbeiten die folgenden Fragen behandeln:

1. Wie wandert ein beliebig herausgegriffener Punkt während des Verlaufs der Pressung.

2. Welchen Einfluß hat der Durchmesser der Öffnung der Matrize.

3. Wie ist die Bewegung bei verschiedenem Material.

b) Die Vorbereitung der Blöcke.

Zur Markierung einzelner Punkte mußte wie bei den Versuchen mit plastischen Massen ein Koordinatennetz im Block angelegt werden. Der Block mußte also aus Teilen verschiedenen Metallmaterials zusammengesetzt sein, wobei jedoch die plastischen Eigenschaften desselben nicht sehr voneinander abweichen dürfen, damit der Fließvorgang genau so verläuft wie in einem nicht unterteilten Block. Es boten sich nun dazu die folgenden Wege.

Man könnte ein entsprechend geformtes Drahtnetz mit einer etwas niedriger schmelzenden Legierung umgießen. Im Schnitt erscheinen dann die Querschnitte der Drähte als Einzelpunkte.

Abgesehen von der Schwierigkeit der Herstellung solcher Blöcke, hätte dieses Vorgehen den Nachteil, daß die Zusammengehörigkeit der Punkte nach dem Pressen schwer festzustellen wäre.

Es erscheint deshalb günstiger, den Block aus Schichten verschiedenen Materials zusammenzusetzen, etwa so, daß man konzentrische Ringe aus abwechselnd verschiedenem Material zu Platten vereinigt und den Block alsdann aus solchen Ringplatten aufbaut. Oder man könnte, wie oben bereits vermerkt, Platten aus Massivmaterial verwenden, zwischen welche konzentrische Blechringe aus abwechselnd verschiedenem Material gelegt würden. Letztere beiden Anordnungen besitzen den Nachteil, daß die einzelnen Blockpartien während des Preßvorgangs gegeneinander gleiten können, wenn keine vollkommene Schweißung stattfindet. Dieses Gleiten kann eintreten, selbst wenn die Schichten mit durchgehenden Stangen miteinander verbunden sind.

Um dieses Gleiten zu verhindern, erschien es vorteilhaft, bei Verwendung massiver Platten aus abwechselnd verschiedenem Material dieselben mit ineinandergreifenden konzentrischen Nut- und Federrillen zu versehen. Noch besser erschien es, in einer Abänderung der Doerinckelschen Anordnung Platten aus ein und demselben Material zu wählen mit Zwischenlagen aus Blech von anderem Material, und zwar so, daß Platten und Zwischenlagen mit Ringnuten und -federn ineinander übergriffen (vgl. Abb. 12). Das Ganze kann durch Stangen zusammengehalten werden. Diese Anordnung wurde bei den nachfolgend beschriebenen Versuchen gewählt, zumal diese Zusammensetzung des Versuchsblocks alle Vorteile in sich vereinigt: Im Längsschnitt erscheinen die Ringnuten als treppenförmige Absätze, deren Deformation leicht zu verfolgen ist. Die Kanten der Ringnuten liefern die Markierung einzelner Punkte im Blockinnern. Schließlich ist noch die Deformation der Blechzwischenlage als solche zu erkennen. Ferner wird die obengenannte Bedingung erfüllt, daß infolge der ringförmigen Absätze kein Gleiten der Schichten gegeneinander stattfinden kann; des weiteren besteht der Block zum überwiegend großen Teil aus dem Material der Massivplatten, es wird der Strömungsvorgang durch die Blechzwischenlagen aus etwas verschiedenem Material nicht beeinträchtigt, da diese nur einen geringen Teil der Gesamtmasse ausmachen.

c) Material der Blöcke und Herstellung derselben.

Wenn die Versuche die Bewegungserscheinungen wiedergeben sollten, die beim fabrikationsmäßigen Pressen auftreten, so mußten die Versuchsblöcke aus dem gleichen Material bestehen, das auch sonst gebräuchlicherweise in der Strangpresserei verarbeitet wird. Es wurden mithin normale Gußbarren, wie sie zum Pressen Verwendung finden, in Scheiben zerschnitten. Es wurde einmal sogenanntes Preßmessing mit 58 vH Cu, ferner für eine andere Versuchsserie Aluminium mit 99,5 vH Reingehalt verwendet.

Es galt nun das geeignete Material für die Blechzwischenlagen zu finden. Es waren dabei verschiedene Forderungen zu erfüllen:

1. Sollte sich dasselbe nicht wesentlich in seinen plastischen Eigenschaften vom übrigen Blockmaterial unterscheiden, damit der Fließvorgang möglichst ungestört verlaufe.

2. Mußten die deformierten Zwischenlagen im aufgeschnittenen Block mit Sicherheit nach dem Pressen wiedergefunden werden können.

. 3. Schließlich mußte sich das Zwischenmaterial durch einen geeigneten Arbeitsprozeß mit konzentrischen ringförmigen Vertiefungen versehen lassen, entsprechend der Form der Massivscheiben.

Für die Serie der Messingblöcke wurde als passendstes Material für die Zwischenlagen weiches Kupferblech verwendet, da dieses die oben aufgeführten Forderungen gut erfüllt: Es hat in der Wärme etwa die gleiche Plastizität wie das Preßmessing, ferner lassen sich die Kupferschichten durch geeignete Ätzung recht gut wiederfinden (s. unten); schließlich ließen sich unschwer Ringnuten in dasselbe eindrücken. Für die Aluminiumversuchsblöcke wurde nach einigen Vorversuchen für die Zwischenschichten eine Legierung von 99 vH Al mit 1 vH Cu verwendet. Diese eigens zu dem Zweck erschmolzene Legierung wurde zu einem Blech von der Stärke der Zwischenscheiben ausgewalzt.

Die Anbringung der konzentrischen Ringnuten gelang nach einigen orientierenden Versuchen auf die folgende Weise:

Mit Hilfe eines entsprechend geformten Ober- und Untergesenkes wurden in die Blechscheiben zunächst Ringnuten von trapezförmigem Querschnitt gedrückt. Alsdann wurden mittels eines weiteren Ober- und Untergesenks die so vorgedrückten Scheiben in die Fertigform der Abb. 12 gebracht. Die Tiefung der Rillen in einem einzigen Arbeitsgang zu erreichen, war nicht möglich, weil das Material infolge der scharfen Kanten nicht seitlich nachfließen konnte.

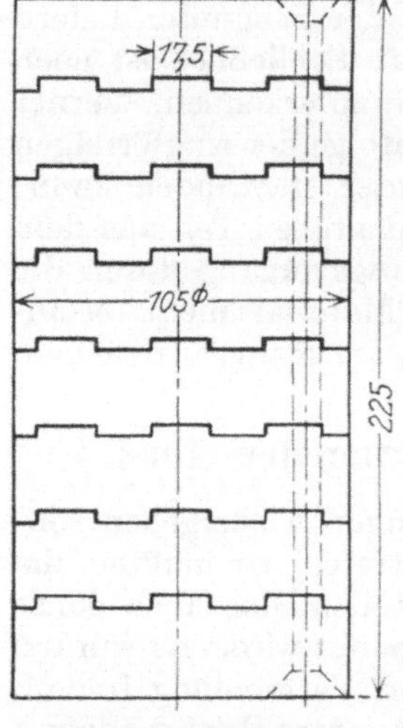

Abb. 12. Aufbau der Metall-Versuchsblöcke.

Die Massivscheiben aus Messing bzw. Aluminium wurden auf der Drehbank mit den entsprechenden Ringnuten versehen, alsdann wurden in Scheiben und Blechen in der Nähe des Randes je drei Bohrungen angebracht, durch welche die Massivstangen vom gleichen Material des Blocks gesteckt wurden, womit alsdann der Block das Bild der Abb. 12 bot. Die Scheiben hatten entsprechend den Gußbarren einen Durchmesser von 105 mm. Ihre Höhe wurde zu 30 mm gewählt. Je acht von diesen wuden mit sieben Blechscheiben zu einem Block zusammengestellt. Die oberste und unterste Scheibe waren an einer Seite nicht mit Ringnuten versehen worden, so daß die Stirnflächen der Blöcke glatt waren. Die Bohrungen in den Scheiben betrugen 10,5 mm, der Durchmesser der Haltestangen war 10,0 mm, Scheiben und Bleche ließen sich mithin bequem auf die Haltestäbe aufreihen. Letztere wurden an der Stirnseite der Blöcke versenkt vernietet. Wegen der Sprödigkeit des Messings mußte dieses Vernieten bei den Messingblöcken in der Wärme geschehen. Die Kupferzwischenlagen hatten eine Stärke von 0,5 mm, die der Aluminiumlegierung eine solche von 1 mm[1]. Mit einer Tiefe der Ringnuten von 3 mm ergab sich die Höhe der Messingblöcke somit zu 222,5, die der Aluminiumblöcke zu 226 mm.

d) Durchführung der Versuche.

Wegen betriebstechnischer Rücksichten mußte die Zahl der Versuche leider stark eingeschränkt werden. Es wurden so für jede Serie drei Blöcke stufenweise verpreßt, und zwar:

Serie A je 3 Blöcke, Messing   durch Matrize von 50 mm Öffnungsdurchmesser
„   B „ 3   „   „   „   „   „ 30 mm   „
„   C „ 3   „   Aluminium „   „   „ 50 mm   „

Die Versuchsblöcke wurden im üblichen Rollenofen angewärmt, die Messingblöcke auf eine Temperatur von 650°, die Aluminiumblöcke auf

---

[1] Die Versuche mit Messing wurden zuerst vorgenommen. Dabei hatte es sich als zweckmäßig erwiesen, die Blechzwischenlagen etwas stärker zu wählen, damit die Scheiben nach der Deformation im aufgeschnittenen Block deutlicher hervortraten. Bei den später angestellten Aluminiumversuchen wurde mithin eine Stärke der Scheiben von 1 mm gewählt.

eine solche von 420°. Das Pressen geschah in einer hydraulischen Strangpresse von 600000 kg Maximaldruck. Der Aufnehmer der Presse hatte einen Durchmesser von 110 mm. Die Pressung wurde jeweils nach einem bestimmten Weg des Druckstempels unterbrochen, so daß bei je drei zu einer Serie gehörigen Blöcken der Preßvorgang verschieden weit vorgeschritten war. Es war beabsichtigt gewesen, diese Preßstufen bei jeder Serie der besseren Vergleichbarkeit halber gleich groß zu wählen; es ließ sich jedoch dieses nicht ganz verwirklichen, da das Abstoppen der Presse nicht augenblicklich geschehen konnte. Nach erfolgter Pressung wurde die Matrizenscheibe rückwärts über die Stange gestreift; nur wenn dies wegen der Verkrümmung der ausgeflossenen Stange nicht möglich war, wurde letztere hinter der Scheibe abgeschnitten. Die in dieser Weise erhaltenen Blockköpfe nebst Stange wurden alsdann längs in der Mittelachse auf der Bandsäge durchgesägt. Der Schnitt mußte dabei möglichst genau durch die Mittelachse laufen, damit der Block nach einer Symmetrieebene zerlegt wurde. Ferner durfte der Schnitt nicht gerade die Haltestäbe treffen. Je eine Blockhälfte wurde alsdann auf der Shapingmaschine glatt gehobelt. Dabei mußten die Stücke auf entsprechende Hobellängen geschnitten werden. Die Hobelflächen wurden alsdann mit Schmirgelleinen verschiedener Körnung sauber abgeschlichtet und danach geätzt.

Die Ätzung sollte zwei Aufgaben erfüllen: Zunächst sollten die Blecheinlagen sich deutlich vom übrigen Material unterscheiden. Zweitens aber sollte die Kristallstruktur des Materials sichtbar gemacht werden, um auch aus ihr Schlüsse über die Bewegungsvorgänge ziehen zu können.

Die Kupferzwischenschichten waren zwar auch auf dem ungeätzten Schliff zu erkennen, jedoch nur an den Stellen, wo die Dicke der Blechschichten bei der Deformation nicht zu stark abgenommen hatte. Es gelang nun mit Hilfe einer in Wasser gelösten Schmelze von Schwefel mit Pottasche im Verhältnis 1 : 2 (sog. Schwefelleber)[1] die Kupferschichten schwarz zu ätzen, wodurch sie sich gut abhoben. Diese Färbung beruht auf einem Niederschlag von Schwefelkupfer. Allerdings wird durch dieses Mittel nicht auch das Kristallgefüge des Messings sichtbar gemacht. Letzteres gelang andererseits gut mit Hilfe von Salpetersäure (im Verhältnis 2 : 1 verdünnt), und Nachätzen mit Eisenchlorid. Diese Ätzung hebt jedoch die Kupferschichten schlecht hervor; es wurden nun nacheinander beide Verfahren angewendet, erst wurde mit Salpetersäure und Eisenchlorid das Gefüge entwickelt, danach wurden durch Überpinseln des Schliffs mit Schwefelleberlösung die Kupferschichten schwarz gefärbt. Dabei läuft der ganze Schliff selbst nach gutem Abspülen und Trocknen nach einiger Zeit fleckig an, es wurden deshalb sofort nach dem Auftragen der Schwefelleber der Schliff photographiert.

Die Ätzung der Blechzwischenschichten aus legiertem Kupferaluminium in den Aluminiumblöcken gelingt mit konzentrierter Natronlauge. Diese färbt die kupferhaltigen Blechschichten durch einen

---

[1] S. Buchner: Das Färben der Metalle.

Niederschlag von Kupferschwamm schwarz, so daß dieselben schwarz auf weißem Grund erscheinen. Das Gefüge wird jedoch nicht durch Natronlauge entwickelt. Es empfiehlt sich zu diesem Zweck ein Nachätzen in verdünnter Salzsäure. Oder aber man ätzt den Schliff in konzentrierter Salzsäure, welche sowohl das Gefüge reichlich gut entwickelt, als auch die Zwischenschicht schwarzgrau färbt. Verdünnte Salzsäure allein färbte die Zwischenschicht nicht. Als bestes Verfahren wurde eine fünfminutliche Ätzung in konzentrierter Salzsäure gewählt.

Zur Auswertung der Versuche wurden die Schliffe photographiert, ferner die charakteristischen Punkte derselben auf Papier übertragen, um deren Verschiebungen von Pressung zu Pressung verfolgen zu können.

e) Auswertung der Versuche mit Metallen.

Der Preßblock hat anfangs einen kleineren Durchmesser als der Preßzylinder (Rezipient, Aufnehmer), damit man ihn bequem in letzteren einsetzen kann. Es findet daher zu Beginn des Pressens ein Aufstauchen des Blocks auf den Zylinderdurchmesser statt. Der Ausfluß der Stange beginnt erst, wenn der Druck in der plastischen Metallmasse die erforderliche Höhe erreicht hat. Schweißguth (s. oben) hatte festgestellt, daß das Ausfließen der Stange etwas früher beginnt, als bis der Block sich völlig an die Aufnehmerwand angelegt hat. Die Teilchen im Block erfahren also zu Beginn der Pressung Bewegungen, bei denen sich die Wirkung des Stauch- und des Ausflußvorganges überlagern; oder anders gesagt: die rein vom Ausfluß hervorgerufenen Bewegungen werden durch den Stauchvorgang gestört. Diese Störung ist um so größer, je größer der Unterschied zwischen Zylinderdurchmesser und Blockdurchmesser ist. Dieser Aufstauchvorgang, welcher dem eigentlichen Preßvorgang somit vorangeht, möge zunächst etwas genauer ins Auge gefaßt werden.

Das Aufstauchen des Blocks. Der Block liegt nach dem Einführen in den horizontalen Aufnehmer nur längs einer Mantellinie auf (vgl. Abb. 13). Sobald der Preßstempel zur Anlage an der diesem zugewandten Stirnfläche gelangt ist, werden beide Endflächen des Blocks durch die Reibung am Stempel, bzw. an der Matrizenscheibe festgehalten. Der Block baucht sich in der Mitte auf und nimmt dabei die aus dem Stauchversuch der Materialprüfung her bekannte Tonnenform an. Hier nur mit dem Unterschied, daß die Aufstauchung unsymmetrisch ist, da ja der Block längs einer Mantellinie im Zylinder aufliegt und in dieser Lage durch die Reibung an den Stirnflächen festgehalten wird. Sobald sich die Mitte des Blocks an die Zylinderwände angelegt hat, macht sich auch dort die Reibung geltend, und zwar so, daß von der durch den Stempel ausgeübten axialen Druckkraft ein Teil in die Zylinderwand übergeleitet wird (die Abb. 13 ist übertrieben gezeichnet, um die Verhältnisse klarer zu stellen). Es steht mithin der obere Teil des Blocks unter größerem axialen Druck als der nach der Matrizenscheibe zu gelegene, es wird also die Stauchung von der Mitte aus gegen den Druckstempel hin fortschreiten (Linie 2 in Abb. 13), und erst später, wenn dort der Zylinder ausgefüllt ist und der Druck so stark angewachsen ist, um die Wandreibung zu überwinden, wird die Stauchung wiederum von der Mitte aus bis gegen die Matrizenscheibe fortschreiten. Es wurde sowohl von Schweißguth als auch von Doerinckel festgestellt, daß die dem Stempel zugekehrte Seite des Blocks früher gestaucht wird als die an der Matrizenscheibe anliegende. Doerinckel gibt die Wandreibung des Blocks wohl als Ursache für die nacheinander erfolgende Stauchung an, denkt sich aber auch dieselbe als von der am Stempel anliegenden Stirnfläche des Blocks ausgehend; während jedoch in Wirklichkeit die Ausbauchung zuerst in der Mitte erfolgt und von da nach den Enden fortschreitet, und zwar, wie gesagt, eben wegen der Wandreibung nach der Stempelseite schneller als nach der Matrizenseite.

Die oben gegebene Erklärung des Stauchvorgangs im Zylinder findet eine Bestätigung durch eine von Doerinckel beobachtete Erscheinung, daß nämlich die im oberen (in der Nähe des Druckstempels befindlichen) Teil des Blocks gelegenen Randpartien eine nach dem Stempel zu gerichtete Bewegung machen; also eine Bewegung, die gerade entgegengesetzt der Preßrichtung verläuft. Die an dem Preßstempel anliegende Stirnseite des Blocks sowie die an der Zylinderwand anliegende, zuerst ausgebauchte Mitte desselben erfährt sofort eine starke Wärmeentziehung durch die Zylinderwand, bzw. den Preßstempel. Diese Teile des Blockmaterials bei a u. b in Abb. 13 werden mithin härter. Unter dem starken Druck, der sich ins Innere des Blocks hinein fortgepflanzt hat, fließen die Randteilchen in den freien Ringraum schräg nach oben (s. Pfeilrichtung in Abb. 13); zumal die am Stempel anliegenden Teile durch die Reibung an diesem festgehalten werden. In dem entsprechenden Ringraum an der Matrizenfläche findet hingegen eine mehr radial gerichtete Bewegung statt. Infolge der Wandreibung war ja (s. oben) der Druck im unteren Teil des Blocks kleiner. Die Ausbauchung beginnt dort erst, wenn der Druck weiter gestiegen ist, dann aber hat bereits der Ausfluß der Stange eingesetzt; das ausströmende Material übt einen seitlich gerichteten Druck auf die Randschichten aus, die sich alsdann in der Pfeilrichtung

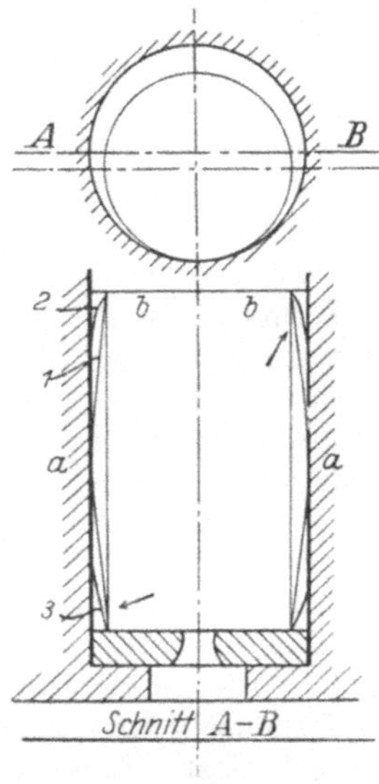

Abb. 13.

radial an die Zylinderwand anlegen. Die Aufwärtsbewegung der Randteile im oberen Teil des Blocks wird um so größer sein, je größer die Hohlräume sind, d. h. je größer der Unterschied zwischen Blockdurchmesser und Zylinderdurchmesser ist. In der Tat wurde diese Aufwärtsbewegung der Randteile bei den nachstehend beschriebenen Versuchen als nur gering festgestellt, entsprechend einem Unterschied von Zylinderdurchmesser und Blockdurchmesser von 5 mm, während dieser Unterschied bei den Doerinckelschen Versuchen 10 mm, also gerade das Doppelte betrug.

1. Der Ausflußvorgang.

Es sollen nun die während des Pressens vor sich gegangenen Bewegungserscheinungen im einzelnen besprochen werden. An den aufgeschnittenen Versuchsblöcken sind diese erkennbar:

1. Aus der Deformation, welche die einzelnen Teile erfahren haben, aus denen der Block zusammengesetzt war.

    a) Veränderung der anfangs parallelen Platten,

    b) Deformation der Ringnuten,

    c) Veränderung der Dicke der Zwischenbleche,

    d) Deformation der Haltestäbe.

2. Aus der Kristallstruktur des Blockes in seinen verschiedenen Gebieten.

3. Aus den Wegen, welche die Eckpunkte der Ringnutquerschnitte zurückgelegt haben.

Die Verformungen der einzelnen Blockpartien sind aus den Abbildungen 39—45 deutlich zu erkennen. Die Deformation der Blechzwischenlagen ist aus den Doerinckelschen Versuchen bereits bekannt. Man sieht, daß die ursprünglich horizontalen Zwischenlagen in der Stange als unten geschlossene konzentrische Röhren übereinander gelagert sind. Sie bilden trichterförmige Gebilde, diese Trichter werden in der Stange um so spitzer, je weiter die Pressung vorschreitet. Jede folgende Schicht, die sich der Matrize nähert, findet einen engeren Durchlaß durch die Öffnung, weil sämtliche vorher ausgeflossenen Schichten mit dem Zylinderinnern in Verbindung bleiben und dabei den Durchgang durch die Öffnung für die nächstfolgenden Schichten verkleinern.

Wir betrachten zunächst die ausgeflossene Stange (Abb. 39). Die Deformationen sind an der veränderten Form der ursprünglichen Ringnuten erkennbar. Da, wo stärkeres Fließen stattgefunden hat, sind die Kanten der Ringnuten als Verdickungen der dünn ausgezogenen Blechzwischenlagen wiederzufinden. Wir sehen, daß die Mitten der Blechscheiben in derselben Reihenfolge aus der Öffnung ausgetreten sind, in welcher sie sich vorher, von unten (der Matrize aus), gezählt, im Block befanden. Sobald die Schichten in die Stange eingetreten sind, findet keine Deformation mehr statt, wie man aus dem Vergleich der zu den Pressungen 1, 2 und 3 jeder Serie gehörigen Stangenschnitte sieht. Die in der Mittelachse der Stange gemessene Entfernung der Zwischenschichten voneinander wird um so größer, je weiter die Pressung fortschreitet. Es wird gleichsam (s. oben) der Durchlaß durch die Mündung für jede neu ankommende Schicht enger. Die in der Achse gelegene mittlere Ringnut der Blechscheiben ist bei der zuerst durch die Öffnung getretenen Scheibe unverändert; bei den nächstfolgenden Scheiben bemerkt man, daß dieselben in axialer Richtung gestreckt und in radialer gestaucht wurden. Dieses wiederum um so mehr, je später die betreffende Scheibe aus dem Zylinder austrat bzw. je höher sie sich ursprünglich im Block befand (Abb. 39). Faßt man die zu der mittelsten Ringnut konzentrische ins Auge, so sieht man, daß dieser Teil der Blechscheiben beim Eintritt in die Stange zu einem Rohrstück umgebildet wurde, der Durchmesser dieses Rohrs ist um so kleiner, je später die zugehörige Schicht die Mündung erreichte bzw. je entfernter sie sich ursprünglich von der Matrize befand. Die ursprünglichen Kanten der Ringnuten erscheinen in der Stange als Verdickungen der Zwischenbleche. Besonders ist noch zu bemerken, daß die äußerste Mantelschicht der Stange aus demjenigen Material besteht, welches im Block an der Stirnfläche der Matrize saß. Zusammenfassend erkennt man, daß die relativen Verschiebungen des Materials in der Stangenachse am geringsten sind, in der Außenhaut am größten; ferner daß sie um so größer sind, je später die betreffenden Teile die Öffnung verließen.

Auch die Betrachtung der Kristallstruktur läßt Schlüsse auf die Größe der stattgefundenen Relativverschiebungen zu. In dem zuerst aus dem Zylinder getretenen Stück der Stange ist die Gußstruktur des Blocks noch unverändert erhalten; es hat hier keine nennenswerte

Deformation der Kristalle stattgefunden. Die Kristalle erscheinen um
so mehr gestreckt, je später die Schichten, welchen sie angehören, den
Zylinder verlassen haben; ferner ist in den Randzonen der Stange die
Streckung wesentlich größer als im Kern derselben. Wir betrachten
nun die Blockköpfe.

Die zu Beginn der Pressung parallel übereinander liegenden Ring-
nutbleche haben sich zu trichterartig gewölbten Gebilden umgestaltet
(s. Abb. 39). Die Schichten sind um so weniger durchgebogen, je weiter
entfernt sie von der Matrizenebene sind. Nach der Mündung zu wächst
die Krümmung der Kurven. Dabei nimmt auch die in der Blockachse
gemessene gegenseitige Entfernung der Zwischenlagen nach der Matrize
hin zu. Nach dem Blockrand hin ist der vertikale Abstand der Zwischenlagen kleiner geworden, dieselben haben sich näher zusammengeschoben,
das Material ist dabei nach der Mitte hin abgeflossen. Die ursprünglich
1 mm starken Zwischenbleche haben sich dabei dünn ausgezogen. Nur
die ursprünglichen Kanten der Ringnuten finden sich als Verdickungen
wieder. Die in der Blockmitte liegende zentrale Ringnut der Scheiben hat ihre Form angenähert bewahrt,
ein Zeichen dafür, daß hier die relative Verschiebung der Teilchen gering ist[1]. Die äußerste, am Blockrand gelegene Ringnut der Scheiben ist bei der der
Matrize nächstgelegenen Scheibe am wenigsten deformiert. Nach dem Stempel hin nimmt die Deformation
dieser an der Wandung gelegenen Ringnut zunächst
zu, um jedoch in der Nähe des Stempels wieder
abzunehmen. Entsprechend der Streckung dieser Partien hat die Dicke der Fläche abgenommen. Aus
der betrachteten Umgestaltung der Zwischenbleche erkennt man, daß die Relativbewegung am größten ist in einer Zone,
die sich in gewisser Höhe seitlich über der Mündung befindet. Es ist
dies die aus den Versuchen mit plastischen Massen des Teils I der Arbeit
bekannte „Zone der stärksten Relativbewegung“ d in Abb. 14. Unmittelbar über dem Matrizenring scheint keine Relativbewegung stattgefunden zu haben, ebenso scheint dies bei den in der Blockachse liegenden,
von der Mündung entfernteren Gebieten der Fall zu sein. Faßt man
die Veränderung des ursprünglichen Gußgefüges ins Auge, so findet
man diese Schlüsse bestätigt: Unmittelbar über dem Matrizenring hat
sich das Gußgefüge ziemlich unverändert erhalten, ebenso in dem vor
der Mitte des Stempels gelegenen Gebiet. An allen übrigen Stellen
haben die Kristalle eine Streckung erfahren, die Richtung und Größe
der Streckung der Körner gibt ein vergleichendes Maß für Richtung
und Größe der Relativbewegung. In der Nähe der Blockachse sind die
Kristalle parallel zu dieser gestreckt, und zwar um so weniger, je weiter
wir von der Mündung nach dem Stempel zu schreiten. In einer gewissen, seitlich über der Mündung gelegenen Zone erscheinen die Körner

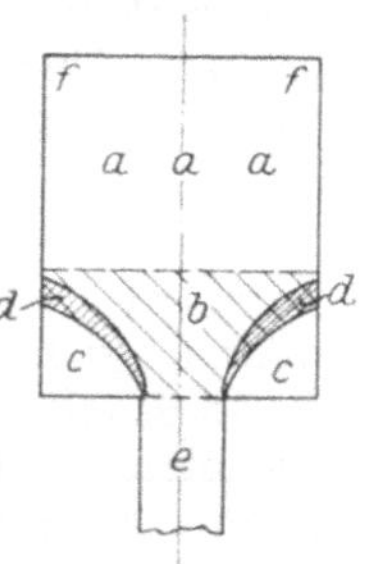

Abb. 14.

---

[1] Die oberste Zwischenlage hat sich offenbar unsymmetrisch gepreßt (Abb. 39).
Der Schnitt verläuft nicht ganz durch die Mitte der Scheibe; die mittelste Ringnut
erscheint im Schnitt deshalb zu klein.

am meisten gestreckt. Die Richtung ihrer Streckung läuft in dieser
Zone parallel zu den Blechzwischenlagen, ein Zeichen dafür, daß letztere
sich hier in Richtung der Relativbewegung eingestellt haben (bei d in
Abb. 14). Die Relativbewegung hat offenbar ein Maximum an der Kante
der Matrizenöffnung. Die Streckung der Kristallite, ferner die Dicke
der Scheiben kann an jeder Stelle des Blocks direkt als Maß für die
Größe der stattgefundenen Relativbewegung angesehen werden.

Es mögen nun die übrigen Abb. 40 u. 41 der in gleicher Weise präparierten jedoch weiter ausgepreßten Blöcke Nr. 2 u. 3 dieser Serie betrachtet werden. Abb. 40 lehrt zunächst in bezug auf die Deformationsvorgänge dasselbe wie die Abbildung der vorigen Preßstufe. In dem
in den Zylinderecken zwischen Wand und Boden sitzenden Material
(c in Abb. 14) ist die Relativverschiebung gering; ebenso in dem vor
der Mitte des Preßstempels liegenden Gebiet, wie man aus der Erhaltung
der Gußstruktur sehen kann. Über die Mündung nimmt die gegenseitige
Verschiebung der Teilchen nach dem Stempel hin ab. Auch die Zone
der stärksten Relativbewegung ist in dieser Abbildung deutlich zu erkennen. Unmittelbar über der Öffnung ist ein Zusammenschieben des
Materials nach der Zylinderachse hin an der Deformation der in der
Achse liegenden mittelsten Ringnut sowie an der Zunahme der Scheibendicke erkennbar. Verfolgt man die Lage der einander entsprechenden
Scheiben in Abb. 39 u. 40, so findet man, daß die trichterförmige Aus-
wölbung sich vergrößert hat, dabei ist die (vom Stempel aus gezählte)
dritte Scheibe in Abb. 39 durch die Mündung hindurchgetreten (Abb. 40)
die mittelste Ringnut hat sich dabei in radialer Richtung gestaucht,
und in axialer gestreckt; die Mitte der zweiten Scheibe ist bis unmittelbar über die Öffnung gelangt, auch hier ist aus der Deformation der
Scheiben die Art der Bewegung gut zu erkennen: Der mittelste Teil
der Scheiben hat sich nach der Achse hin gestaucht und nach der Matrize hin gestreckt, die Kanten der zur mittleren konzentrischen Ringnut sind flach gezogen entsprechend der auf die Mitte der Mündung zu
gerichteten Bewegung. Die am Blockrand gelegenen Teile der Scheiben
haben sich gegenüber Abb. 39 nicht wesentlich verändert; sie haben eine
auf die Mündung zu gerichtete Verschiebung erfahren; diese Verschiebung ist um so größer, je näher die zugehörige·Schicht am Stempel liegt.

Abb. 41 stellt eine noch spätere Stufe der Bewegung dar. Die Mitten
sämtlicher Schichten haben die Mündung verlassen. Die Randteile
haben sich stark ausgestreckt, und zwar in dem obenerwähnten in
Abb. 14 mit d bezeichneten Hauptverschiebungsgebiet am meisten. In
dem von Zylinderwand und -boden gebildeten Ringraum c in Abb. 14
hat noch immer keine nennenswerte Materialverschiebung stattgefunden;
desgleichen unmittelbar vor dem Preßstempel (bei a). Die ursprünglich
am Blockrand gelegenen Ränder der Scheiben sind nach dem Innern
des Blocks zu gewandert, was auf eine eigenartige Bewegung der Außenhaut des Blocks schließen läßt. Es wird diese Sondererscheinung weiter
unten besprochen werden.

Vergleicht man die Abb. 40 u. 41 hinsichtlich der Verschiebung
bestimmter Punkte, so erkennt man das Folgende:

Die in der Achse gelegenen Punkte bewegen sich entlang derselben; die zwischen der Achse und dem Blockrand gelegenen Punkte bewegen sich axial bis zu einer gewissen Höhe, um von da ab eine auf die Mündung zu gerichtete, stark beschleunigte Bewegung anzuschlagen. (Gebiet *b* in Abb. 14.) Das in dem mehrfach erwähnten Gebiet des Strömungsschachtes (*c*) zwischen Wand und Boden sitzende Material nimmt nur unwesentlich an der Bewegung teil.

2. Die Bahnen der Teilchen.

Um die Wege der einzelnen Punkte durch den Zylinder genauer zu verfolgen, als es auf Grund der bloßen Betrachtung der Schnitte mög-lich war, wurden die Lagen entsprechender Punkte bei den verschiedenen Preßstufen ab-gemessen, aufgezeichnet, und durch gerade Linien verbunden. Diese Abbildung gibt mit-hin einen Anhalt über den Verlauf der Bahn-kurven der Teilchen[1]. Wenn auch die Menge der Punkte die Übersicht der Abbildungen etwas beeinträchtigt, so lassen sich doch einige qualitative Schlüsse über die Bahn der Punkte ziehen. Die Begrenzung der Aus-gangsblöcke ist durch gestrichelte Linien an-gegeben. Die Zylinderwand, bzw. die Um-grenzung des Blocks nach dem Aufstauchen ist stark ausgezogen. Die Lagen, die ein be-stimmter Punkt des Ausgangsblocks bei den einzelnen Pressungen nacheinander einnimmt, sind durch Linien verbunden. Beim Auf-stauchen des Blocks haben die Teilchen zu-nächst eine radial nach der Wand zu gerich-tete Bewegung erfahren. Diese Seitenbewe-gung ist in der Blockachse aus Symmetrie-gründen Null und nimmt von da aus gegen den Blockrand zu. An einzelnen, unmittel-bar am Blockrand gelegenen Punkten ist die früher (auf S. 28) erläuterte Aufwärtsbewe-gung zu erkennen. Alle Teilchen im oberen Teil des Blocks bewegen sich sodann axial in Richtung der Matrizenscheibe; in gewisser Höhe über derselben tritt eine der Öffnung

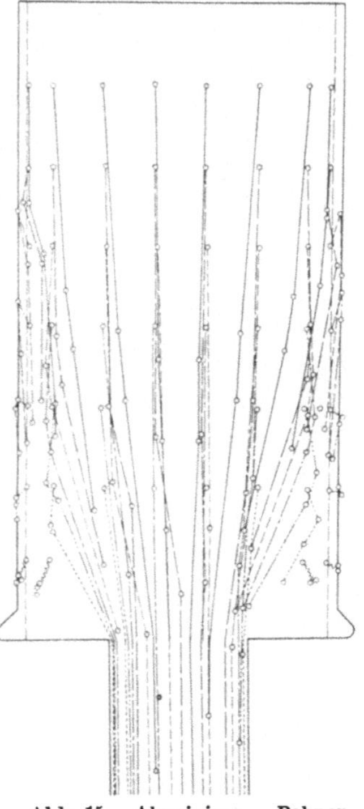

Abb. 15. Aluminium. Bahnen der Punkte Preßstufe 1—3. Öffnungsdurchmesser 50 mm (¹/₃ der natürlichen Größe).

zugekehrte Änderung der Bewegungsrichtung ein. In den zwischen Zylinderwand — und Boden befindlichen Ecken hat das Material

---

[1] Die Lagen der einzelnen Punkte sind in Abb. 15 durch gerade Linien, statt durch Kurvenzüge, verbunden. Es sollte damit jeglicher Willkür beim Auf-zeichnen von Kurvenzügen durch die Punkte vermieden werden. Auch liegen dieselben schon deshalb etwas unregelmäßig, weil ja zu jeder Pressung ein anderer Block verwendet wurde, so daß auch die Nullage der Punkte zu Beginn um ein geringes voneinander abweichen konnte.

nur kleine Wege zurückgelegt; und zwar wird diese Bewegung um so geringer, je weiter nach der Kante zwischen Wand und Boden hin sich ein Teilchen befindet.

Man darf nun in dieser Abbildung aus den Wegstücken, die ein- und derselbe Punkt von Pressung zu Pressung zurückgelegt hat, nicht unmittelbar auf seine Geschwindigkeit schließen. Denn die zu jeder Preßstufe gehörigen Kolbenwege ließen sich praktisch, wie früher erwähnt, nicht gleich groß halten. Man muß vielmehr die Wege vergleichen, die von verschiedenen Punkten während ein und derselben Teilpressung zurückgelegt wurden. Auf diese Weise gelangt man zu einem Aufschluß über die Verteilung der relativen Geschwindigkeiten in der Masse.

3. Die Geschwindigkeitsverteilung.

Wie in Teil I bei den Versuchen mit plastischen Massen wurden die Lagen der durch die Ringnuten gekennzeichneten Punkte bei zwei aufeinander folgenden Pressungen aus dem obigen Wegbild zusammengestellt und durch Grade verbunden. Man hat so (wegen der gradlinigen Verbindung in erster Annäherung) den Weg erhalten, den die einzelnen Teilchen von einer Pressung zur anderen zurückgelegt haben. Es ist dies in Abb. 16 für die Aluminiumserie durchgeführt. Es wurde Pressung 1 als Anfangslage, Pressung 2 als Endlage der Punkte betrachtet. Die Anfangslage ist durch ein $+$, die Endlage mit einem 0 bezeichnet. Die einzelnen Punkte haben während der Pressung vom Zustand der Abb. 39 auf den der Abb. 40, d. h. nach dem Kolbenweg Δs (bzw. während der zu diesem Kolbenweg gehörigen Zeit Δt) verschieden große Wege zurückgelegt. Setzt man die (gleichförmige) Kolbengeschwindigkeit $\Delta s : \Delta t$

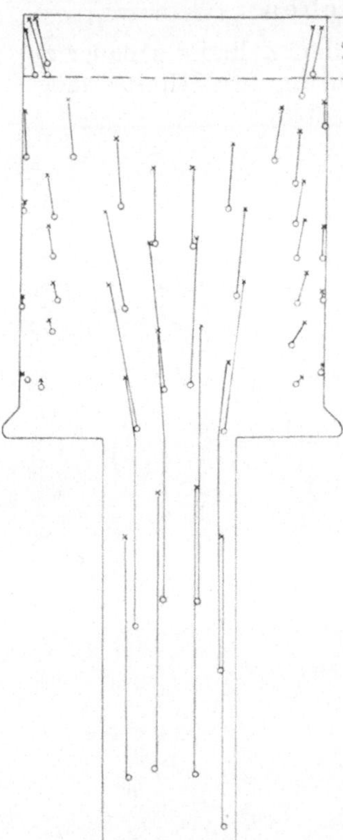

Abb. 16.

$= 1$, so stellen die Verbindungslinien der Anfangs- und Endlagen eines jeden Teilchens direkt die Wege pro Zeitabschnitt dar, d. h. die Geschwindigkeit (da die Kolbengeschwindigkeit eine gleichförmige ist). Die Länge und Richtung dieser Teilstrecken ist mithin ein Maß für die Größe und Richtung der Geschwindigkeit an der betreffenden Stelle im Zylinder. Genau das gleiche war ja in Teil I bei den plastischen Massen ausgeführt worden. Es gilt dies alles um so genauer, je kleiner der zwischen Stufe 1 und 2 liegende Kolbenweg Δs gewählt wurde; um so genauer fällt dann die Verbindungslinie von Anfangs- und Endlage eines Punktes mit der von diesem zurückgelegten Bahn zusammen; um so genauer stellt dann das (gradlinig angenommene) Wegstück eines Punktes die Geschwindigkeit während der Zeit $\varDelta$ t dar. Zieht man nun Kurven derart, daß ihre Richtung an jeder Stelle im Zylinder mit den dort herrschenden Bewegungsrichtungen übereinstimmt, so erhält man die Stromlinien, wie früher in Teil I.

Wie aus Abb. 16 zu ersehen ist, wächst in dem über der Mündung gelegenen Gebiet vom Druckstempel aus die Geschwindigkeit der Teilchen, in der Öffnung ist die Geschwindigkeit am größten; in der Stange bleibt die Geschwindigkeit gleich groß, ihre Richtung ist dort überall parallel zur Achse. Diese größte, überhaupt auftretende Geschwindigkeit ist gleich der im Verhältnis Zylinderquerschnitt zu Mündungsquerschnitt vergrößerten Kolbengeschwindigkeit v_k, denn das vom Kolben verdrängte Volumen $F \cdot v_k$ ist gleich dem aus der Mündung ausgetretenen Volumen der Stange $f \cdot v_s$. In den in der Nähe der Zylinderwand liegenden Gebieten verkleinert sich die Geschwindigkeit der Teilchen vom Stempel aus nach der Matrize hin; in der mehrfach erwähnten Ecke zwischen Zylinderwand und Boden wird die Geschwindigkeit verschwindend klein bis auf den Wert 0 an der Kante zwischen Wand und Boden. Bemerkenswert ist die schräge Richtung der Geschwindigkeit an der Kante zwischen Stempel und Zylinderwand (f in Abb. 14). Außer der axialen, von der Kolbenbewegung herrührenden Komponente muß mithin hier noch eine radial nach der Zylinderachse zu gerichtete Komponente vorhanden sein; als Resultierende der beiden ergibt sich jene Schräglage. Die Horizontalkomponente deutet auf eine am Kolben entlang gehende, vom Blockrand nach der Zylindermitte gerichtete Bewegung: Es ist dies die Stauchung der harten Außenhaut des Blocks, die bereits von Schweißguth (s. S. 22) beobachtete Erscheinung.

Aus dem Geschwindigkeitsbild können wir noch Schlüsse auf die Relativbewegung der Teilchen ziehen: Die Relativbewegung wird da am kleinsten sein, wo benachbarte Teilchen die gleiche Geschwindigkeit haben, und da am größten, wo von einem Teilchen zum anderen die Geschwindigkeit sich am stärksten ändert. Der schärfste Unterschied der Geschwindigkeiten besteht offenbar (s. Abb. 16) in einer seitlich in gewisser Höhe über der Matrize befindlichen Zone, welche wir in Abb. 14 als Zone der größten relativen Verschiebungen erkannt haben. Es fällt nämlich nach den Zylinderecken zu die Geschwindigkeit stark ab, nach der Kante der Öffnung hin wächst sie stark an. Auch aus der Betrachtung der entsprechenden Blockschnitte Abb. 40 und 41 war an der Deformation der Blechzwischenlagen und der Kristalle dieses Gebiet als das der maximalen Relativverschiebung erkannt worden, es hatten sich hier die anfangs horizontalen Blechschichten in die Richtung der Relativbewegung eingestellt.

f) Vergleich der Versuche mit verschiedenen Öffnungsdurchmessern.

Es mögen nun die Versuchsserien untereinander verglichen werden (s. Aluminiumversuche Abb. 39—41, Messing 42—45). Beim Vergleich der Serien untereinander ist zu berücksichtigen, daß die Blöcke nicht jeweils genau gleich weit bei den einzelnen Serien ausgepreßt sind, es ließ sich dies leider nicht an der Betriebspresse ermöglichen. Vergleicht man nun beispielsweise die erste Pressung der einen Serie mit der ersten Pressung der anderen, so darf man dabei nicht ohne weiteres aus den verschieden weit vorgeschrittenen Deformationen einander entsprechender Zwischenbleche Schlüsse ziehen, da ja auch die Kolbenwege bei beiden Pressungen nicht ganz genau gleich sind. Man muß vielmehr die in den einzelnen Zonen des Blocks vor sich gegangene Relativbewegung vergleichen, ferner die Bahnen der Teilchen und die Verteilung der Geschwindigkeiten.

Vergleicht man die Pressungen mit Messing durch eine Matrize von 50 mm mit einer solchen von 30 mm Durchmesser, so erkennt man, daß die Zone der größten Relativverschiebung bei beiden Serien etwa die gleiche Lage und Ausdehnung hat. Die Richtung der Bewegung ist bei der weiten Öffnung steiler, d. h. weniger zur Achse geneigt, als bei der engeren. Die Größe der ruhenden Materialzone in der von Zylinderwand und Boden gebildeten Ecke scheint bei beiden Serien gleich.

Die Deformation der in Achsnähe gelegenen Partien ist bei der engen Matrize naturgemäß stärker als bei der weiten, entsprechend dem stärkeren radialen Zusammenfluß nach der Mitte hin. Beim Übertritt in die Stange findet natürlicherweise bei der engen Matrize eine größere Beschleunigung in axialer Richtung statt als bei der weiten Öffnung, wie man an der größeren Streckung der Blechzwischenlagen erkennt, es sind mithin die Relativbewegungen im Material größer.

g) Vergleich der Fließbewegung bei Aluminium und Messing.

Einen weiteren interessanten Vergleich liefert die Betrachtung der aus derselben Matrize (50 mm) verpreßten Serie Aluminium bzw. Messing. Es ist wissenswert, ob und welcher Unterschied beim Fließen verschiedenen Materials besteht. Da die Kolbenwege einander entsprechender Preßstufen beider Serien nicht genau dieselben sind, darf man, wie oben schon gesagt, nicht die Lage und Form der Zwischenlagen ihrem Absolutwert nach vergleichen. Wohl aber kann man die aus dem Zylinder geflossenen Stangen beider Serien unmittelbar vergleichen, wenn man von dem zuerst aus der Matrize getretenen Ende der Stange ausgeht. Dieser letztere Vergleich der Stangen bei der Messing- und Aluminiumserie zeigt die vollkommene Übereinstimmung der Fließvorgänge an der Deformation der Zwischenlagen. Wo noch Abweichungen bemerkbar werden, so sind diese nicht größer, als es durch die Fehlerquellen, wie z. B. etwas ungleichmäßige Härte des Materials, oder etwas ungleiche Scheibendicke der Aluminium- bzw. Messingscheiben, bedingt werden könnte. Vergleicht man die Blockköpfe der beiden Serien (unter Beachtung des oben Gesagten), so sieht man, daß die Deformationsvorgänge der beiden Materialien die gleichen sind. Dieselbe Übereinstimmung der Bewegungsvorgänge wurde aus der Ermittelung der Bahnkurven ebenfalls der Strombilder erkannt.

h) Vergleich der Fließbewegung beim Warmpressen der Metalle mit der bei plastischen Massen.

Wir vergleichen nun die beim Warmpressen der Metalle gefundenen Bewegungserscheinungen mit den Versuchen an plastischen Massen in Ton und Wachs. Als Hauptunterschied gegenüber den plastischen Massen fällt auf, daß die Strombahnen bei letzteren in der Nähe des Kolbens senkrecht zu diesem und parallel zu einander verlaufen, während beim Warmpressen hier bereits eine nach der Achse zu gerichtete Bewegung besteht. Es ist mithin hier eine radial gerichtete Komponente im Spiel, auf welche bereits auf S. 35 hingewiesen wurde. Diese Radialbewegung rührt von der sich am Stempel aufstauchenden härteren Außenhaut des Blocks her. Eine eingehendere Erläuterung dieser Erscheinung folgt unten. Weiterhin wurde erkannt, daß das Hauptfließgebiet bei den Warmversuchen höher in den Zylinder hineinragt, die Neigung der Strombahnen zur Zylinderachse ist geringer als bei den plastischen Massen. Es ist auch dieser Unterschied durch die ungleichmäßige Plastizität in der Metallmasse zu erklären. Das an der Zylinderwand und auf der Stirnfläche des Matrizenrings sitzende Material ist infolge der Wärmeentziehung härter geworden. Die an sich schon durch den Strömungsschatten bedingte geringe Bewegung der Teilchen in den Zylinderecken wird infolgedessen noch mehr verringert. Die ruhende Zone (c in Abb. 14) fällt mithin größer aus als bei den Versuchen an plastischen Massen. Zusammenfassend kann man sagen, daß die Unterschiede im Fließvorgang der plastischen Massen gegenüber denen bei warmen Metallen nur durch den Temperaturabfall und die harte Oxydschicht der letzteren bedingt sind.

i) Der Einfluß der Bewegungsvorgänge auf die Beschaffenheit der Stange.

Im Anschluß an die gewonnenen Erkenntnisse über den Bewegungsverlauf beim Pressen der Metalle möge deren Einfluß auf die Beschaffenheit der gepreßten Stange betrachtet werden.

Die Form der Matrize. Mißt man eine gepreßte Stange nach, so findet man, daß ihr Durchmesser kleiner ist als der Durchmesser der Matrizenöffnung, durch welche sie geflossen ist. So wurden beispielsweise bei den vorstehend beschriebenen Versuchen folgende Maße (nach dem Erkalten der Stange) festgestellt:

Aluminium: Stange 48,78 mm Durchmesser, Matrize 49,70 Durchmesser
Messing: „   48,97 mm   „   „   49,70   „

Die Stange ist in warmem Zustand durch die Matrize getreten, infolge der Abkühlung verkleinert sich der Durchmesser. Bei einem Ausdehnungskoeffizenten des Aluminiums von 0,0000246 und einem Stangendurchmesser von 50 mm macht diese Schwindung 0,49 mm bei der Abkühlung von 420 auf 20^0 aus. Bei den Messingstangen beträgt die Verkleinerung des Stangendurchmessers 0,58 mm (Abkühlung von 650 auf 20^0, Ausdehnungskoeffizient des Messings = 0,0000185). Um die übrige Differenz der Durchmesser von Stange und Öffnung hat sich offenbar die Stange beim Ausfließen eingezogen; dieses macht mithin, wenn die Durchmesser der warmen Stangen 49,27 (Aluminium) bzw. 49,55 (Messing) sind, 0,43 bzw. 0,15 mm aus. Um diese Differenz der Durchmessser der warmen Stangen und dem Öffnungsdurchmesser der Matrize hat sich offenbar der ausfließende Strang eingezogen. Diese Einziehung der Stange rührt daher, daß das Material unmittelbar nach dem Durchfluß durch die Öffnung eine Nachstreckung erfährt (vgl. S. 49). Gleichzeitig mit der beschriebenen Einschnürung findet bisweilen noch ein anderer Vorgang statt: Besteht die Matrize aus zu weichem Stahl, so wird die Kante der Öffnung durch den Reibungsdruck des an der Stirnfläche entlang fließenden Materials nach innen gezogen, so daß die Durchgangsöffnung verkleinert wird und infolgedessen die Stange dünner wird. Es ist daher erforderlich, die Bohrung der Matrize durch Aufdornen — nötigenfalls nach jeder Pressung — zu berichtigen. Bei schlechtem Matrizenstahl beträgt unter Umständen der lichte Durchmesser derselben nach jeder Pressung bis zu mehreren Zehnteln Millimeter weniger als vorher. Es ist mithin auch in diesem Falle der Durchmesser der Stange am hinteren Ende entsprechend dünner als am vorderen.

Allgemein werden beim Pressen Matrizen mit nur wenig abgerundeter Kante verwendet. Es erscheint dies zunächst befremdend, da doch gefühlsmäßig die Strömung um so stetiger verläuft, je sanfter die Eintrittskante abgerundet ist. Es wäre — ohne nähere Kenntnis der Strömungsvorgänge — anzunehmen, daß das Material an der scharfen Kante unganz wird, derart, daß das in der Ecke zwischen Wand und Boden sitzende Material von dem vorbeifließenden abgeschert wird. Die Versuche zeigten, daß ein Unganzwerden nicht auftritt, wie die Betrachtung sämtlicher Abbildungen bestätigt. Die Abstufung der Geschwindigkeiten ist überall eine stetige. Die Kante selbst wird vom Material in abgerundeter, stetiger Bahn umflossen. (Vgl. die oben beschriebene Einziehung der Stange.) Es hat also die scharfe Eintrittskante des Matrizenprofils (die Abrundung derselben beträgt $1/2$—1 mm Radius) keine nachteilige Wirkung auf den Fließvorgang; eine stärker abgerundete Kante würde wohl das oben beschriebene Verdrücken des Stahles vermindern, hat aber dafür andere Nachteile: Ist der Eintritt in die Öffnung kegelförmig, so übt das Material einen starken radialen Druck auf die Düsenwand aus. Die Reibung an den Wänden der Öffnung wird stark wachsen, so daß die Glätte der Stange weniger vollkommen wird. Übrigens ist der zum Ausfluß durch eine solche Düse erforderliche Preßdruck größer, so daß unter Umständen die hydraulische Presse bei dünnen Profilen nicht ausreicht. Zum mindesten aber hat die in der Praxis gebräuchliche Profilform mit scharfer Eintrittskante keinerlei nachteilige Wirkung auf die Qualität der Stange.

Durch die Oxydhaut des Blocks bedingte Fehler in der Stange. Schweißguth hatte bereits erkannt, daß die spröde Oxydhaut der Mantelflächen der zylindrischen Gußblöcke sich am Preßstempel aufstaucht und dort sammelt (s. Abb. 11, S. 22). Diese Bewegung der Außenhaut des Blockes war auch bei den oben beschriebenen Versuchen an der Verschiebung der unmittelbar an der Zylinderwand anliegenden Ränder der Blechzwischenlagen zu erkennen. Die Bewegung des Materials längs des Preßkolbens geht ferner aus einem gekrümmten Verlauf der Stromlinien hervor. Es möge diese Bewegung etwas näher betrachtet werden:

Der Block liegt mit einer Stirnfläche an der Matrizenscheibe, mit der andern am Preßstempel an (bzw. der vor letzterem befindlichen Vorlegscheibe). Erstere Stirnfläche liegt fest, die letztere hat eine dem Kolben gleiche Axialgeschwindigkeit. Es findet ein Gleiten des Blockmantels entlang der Zylinderwand statt, der Betrag dieses Gleitens ist am Stempel am größten und nimmt von da aus stetig ab bis auf den Wert 0 in der Höhe der Matrize. An der Zylinderwand wirken infolge der Gleitung Reibungskräfte, welche vom Kolbendruck überwunden werden müssen. Vom axialen Stempeldruck wird mithin ein Teil in die Wand übergeleitet. Es geht von jenem um so mehr verloren, je weiter wir uns der Matrize nähern, entsprechend der wachsenden Reibungslänge an der Zylinderwand, d. h. daß auf die nahe dem Stempel gelegenen Schichten ein um den gesamten Betrag der Wandreibung größerer Druck herrscht als in der Höhe der Matrize. Infolge dieses größeren Drucks staucht sich auch die Außenschicht, welche spröder wegen des Oxydmantels und außerdem infolge der Abkühlung an den Wänden härter ist als die übrige Blockmasse, vor dem Stempel stärker auf; d. h. sie sammelt sich im Verlaufe des Preßvorganges am Stempel an. Sie weicht hier in der Richtung geringeren Drucks, d. h. nach der Mitte des Zylinders hin aus, wobei noch die Reibung entlang der Stirnfläche des Stempels überwunden werden muß (vgl. zu obigem Abb. 13, S. 29). Es wandern nun diese Oxydteile axial durch den Zylinder in die Stange. Sobald nun die ersten Teile der Oxydhaut in dieselbe gelangen, muß die Pressung unterbrochen werden, wenn die Stange einwandfrei sein soll. Das Maß, bis zu dem man auspressen kann, wird im Betrieb durch stückweises Brechen einiger Stangen und Betrachtung der Bruchflächen festgestellt. Bei größerer Matrizenöffnung erscheint die Oxydhaut nach einem kleineren Kolbenweg bereits in der Stange als bei kleiner Öffnung. Bei großer Öffnung ist nämlich der im Zylinder herrschende Druck des Materials und damit auch die Reibung an der Kolbenstirnfläche kleiner, welche wie oben erläutert der Radialbewegung der Oxydhaut entgegenwirkt. Infolge des symmetrischen Fließvorganges finden sich die Unganzheiten in konzentrischer Form im Querschnitt der Stange. Ein solches Material kann z. B. nicht zur Herstellung von Teilen mit Innengewinde benutzt werden, da die Gefahr besteht, daß das Gewinde ausreißt, wenn es gerade in die konzentrische Unganzheit fällt. (Das Material erscheint dabei im Querschnitt häufig einwandfrei, trotzdem die Stange aus locker ineinandersteckendem Kern und Mantel besteht.) Je größer die Matrizenöffnung ist, um so früher wandern (s. oben) die Oxydteile in die Stangen, um so größer muß der Blockrückstand im Zylinder belassen werden. Es ist nun möglich, durch eine Umkehrung des Preßverfahrens die Wanderung der Oxydschicht zu beeinflussen. Nach einem der Firma Berry Co., Leeds, England, patentierten Verfahren wird der Matrizenring gegen den ruhenden Block bewegt. Während sich also beim gewöhnlichen Verfahren der Kolben bewegt und die Matrizenscheibe festliegt, ist dies bei dem englischen Verfahren gerade umgekehrt. Es findet jetzt das Aufstauchen des Blocks an der Matrizenstirnfläche statt. Die Oxydhaut fließt über dieselbe und findet sich an der Außenhaut der Stange wieder. Sie fließt schon sehr bald nach Beginn des Pressens mit aus und verteilt sich auf die ganze Stangenlänge. Die Stange ist daher nicht so hoch in der Qualität wie eine nach dem gewöhnlichen Verfahren gepreßte, bei welcher die Oxydhaut im Blockrest sozusagen aufgesammelt wird und bei welcher die Pressung zeitig genug unterbrochen wird. Man kann aber nach dem englischen Verfahren andererseits den Block bis zum letzten Rest auspressen (bei gleichbleibender Qualität der Stange), womit wegen des Wegfalls der Blockreste eine Verbilligung verbunden ist. Man kann aber auch — wie es im Betrieb bisweilen geschieht — beim normalen Preßverfahren den Block weiter auspressen, wenn man die vor den Stempel gelegte Druckscheibe im Durchmesser kleiner hält als den Rezipienten. Es schiebt sich dann eine Schale zwischen Zylinderwand und Stempel, welche den weitaus größten Teil der Oxydschicht enthält. Dieses Vorgehen besitzt allerdings den Nachteil, daß ein weiterer Preßhub nötig ist, um die Schale wieder aus dem Zylinder zu entfernen, womit wiederum Zeit verlorengeht. Ein Abdrehen der Oxydhaut kommt wegen der damit verbundenen Verteuerung nicht in Frage.

Außer den oben betrachteten Fehlern in der gepreßten Stange zeigen sich bisweilen längs verlaufende unganze Stellen im Innern derselben, schon bevor die Oxydhaut aus dem Zylinder austrat. Im Längsbruch erscheint die Stange an diesen Fehlstellen faserartig, man spricht von sogenanntem „Holzfaserbruch". Im Querschnitt ist die Stange an diesen Stellen unzusammenhängend. Offenbar war das Material nicht plastisch genug, um die starken Relativverschiebungen in der Hauptfließzone (d in Abb. 14, S. 31) auszuhalten. Es hat sich dort regelrecht abgeschert; Kern und Mantel der Stange sind getrennt voneinander ausgeflossen, durch das axiale Gleiten hat sich eine Struktur von faserartigem Aussehen herausgebildet. Durch dieses getrennte Ausfließen von Mantel und Kern der Stange entstehen häufig längs verlaufende Hohlräume, deren Querschnitt bis zu 1 mm betragen kann. Die schlechte Plastizität liegt in einer ungeeigneten Legierung oder einem zu großen Gehalt von Verunreinigungen in derselben.

Die vom Gießen herrührenden Lunkerstellen werden in der Regel vor dem Pressen abgeschnitten. Im anderen Fall erscheint auch der Lunker als konzentrische Unganzheit in der Stange wieder.

Das Kristallgefüge der Stange. Wie an den Preßversuchen festgestellt war, ist das Gefüge der Stange verschieden. Die Kristalle haben sich entsprechend der gegenseitigen Verschiebung des Materials im Innern des Blocks gestreckt. Auch in der ausgepreßten Stange finden sich die Kristalle in verschiedenem Grad verformt. Im vorderen Ende derselben, das zuerst die Öffnung verließ, ist das Gußgefüge er-

halten geblieben (s. Abb. 39), nach dem hinteren Ende zu weist das
Material eine zunehmende Reckstruktur auf. Diese Reckstruktur deutet
darauf hin, daß noch keine Rekristallisation eingetreten ist, weil alsdann die Kristalle wieder eine wahllose Orientierung haben müßten.
Die Abkühlung der gepreßten Stange an der Luft geschieht mithin
schneller, als diese Rückbildung des Gefüges eintreten könnte. Wie
früher bei der Besprechung der Preßversuche festgestellt wurde, ist
im Kern der Stange das Korn weniger gereckt als in den Außenschichten,
was aus der Eigenart des Fließvorgangs zu erklären war. Es war ferner
festgestellt worden, daß die Reckung der Kristalle um so beträchtlicher
wird, je später die betreffenden Stangenteile die Mündung verließen.
Da nun technologisch ein möglichst feines Gefüge am wertvollsten ist,
so empfiehlt es sich, das vorderste Ende der Stange mit seiner wenig
veränderten Gußstruktur zu entfernen. Die Reckung der Körner wird
um so beträchtlicher, je kleiner der Stangenquerschnitt im Verhältnis
zum Zylinderquerschnitt ist, was ebenfalls aus der Betrachtung der
Versuchspressungen hervorging und übrigens ohne weiteres klar ist.
Man wird deswegen die Stangen bzw. Profile mit großem
Querschnitt auf einer Presse mit großem Rezipienten-
durchmesser verpressen müssen.

Die Härte der Stange an den verschiedenen Stellen.
Aus der Verschiedenheit des Gefüges der Stange wäre anzunehmen,
daß technologische Eigenschaften wie z. B. die Härte am vorderen
und hinteren Ende, ferner im Kern und Mantel verschieden wären.
Bei den Aluminiumversuchen mit der 50-mm-Öffnung, ferner bei der
entsprechenden Serie mit Messing war kein Unterschied in der Brinell-
härte der Stange am vorderen und hinteren Ende festzustellen. Bei der
30-mm-Öffnung betrug die Härte der Stange am vorderen Ende 88,7,
in der Mitte 92,8 am hinteren Ende 93,9 nach Brinell. Die Eindrücke
wurden an der längs aufgeschnittenen Stange vorgenommen. Der
Härteunterschied wird um so größer sein, je kleiner die Öffnung der
Matrize im Verhältnis zum Zylinderdurchmesser ist. Denn um so größer
ist alsdann der Unterschied in der Reckung der Kristallite. Ferner
wird die mittlere Härte einer aus kleiner Öffnung gepreßten Stange
größer sein als die einer solchen aus großer Öffnung gepreßten. Es
wird zwar bei dem stärkeren Preßdruck bei kleiner Öffnung ein größerer
Wärmebetrag durch die innere Reibung im Block frei, die Verformung
der Teilchen erfolgt bei etwas höherer Temperatur. Andererseits aber
geschieht die Abkühlung — und das ist der überwiegende Faktor —
einer dünnen Stange schneller als die einer dicken, wodurch die Rekristallisation bei einer dünnen Stange schneller zum Stillstand kommt.
Es können noch Spannungen bestehen bleiben, welche sich in Form
einer größeren Brinell-Härte bemerkbar machen.

k) Maßnahmen zur Verbesserung des Preßverfahrens.

Soll die Stange ein über den Querschnitt möglichst gleichmäßiges
Gefüge aufweisen, so muß die starke Relativbewegung in der in Abb. 14
mit d bezeichneten Zone vermindert werden. Es gelingt das bis zu

gewissem Grad durch eine kräftige Beheizung des Preßzylinders, weil dadurch die Abkühlung der nahe der Wandung gelegenen Partien des Blocks verringert wird und die Plastizität des Materials verbessert wird. Das in der von Zylinderwand und Boden gebildeten Ecke (c) befindliche Material nimmt alsdann in erhöhtem Maße an der Bewegung teil. Noch bedeutend mehr ist dies der Fall, wenn auch der Zylinderboden, welcher die Matrize enthält, durch eine entsprechende Vorrichtung dauernd beheizt wird. Die intensive Beheizung von Zylinderwand und Boden bringt außerdem noch den Vorteil mit sich, daß die Stauchung der Oxydhaut eine über die Länge des Blocks gleichmäßige wird, so daß der auf S. 22 beschriebene Abfluß der Oxydhaut in die Stange später stattfindet, der Block also weiter ausgepreßt werden kann. Die Beheizung darf aber andererseits nicht so stark sein, daß an der in

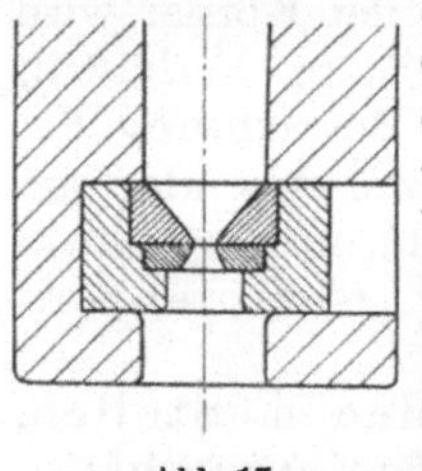

Abb. 17.

Abb. 11 mit *a* bezeichneten Stelle bereits vorzeitig Teile der Oxydhaut nach dem Inneren der Stange wandern, denn wie die Versuche an plastischen Massen zeigen, tritt bei homogenem Material dort ein Abfluß der an der Wandung gelegenen Elemente nach dem Inneren ein. Bereits Schweißguth hat an dieser Stelle einen Einbruch des Oxydmantels nach dem Inneren zu beobachtet. Eine gewisse Abkühlung der Außenhaut ist mithin wegen des damit verbundenen erschwerten Einbruches der Oxydhaut von der Seite her sogar erwünscht. Es ist nach dem oben Gesagten die Beheizungsfrage des Zylinders bzw. des Bodens vom betriebstechnischen Standpunkt sehr wichtig.

Um die Geschwindigkeit des Materials in den Zylinderecken zwecks Erreichung eines gleichmäßigen Gefüges zu erhöhen, dürfte es weiterhin von Vorteil sein, den die Matrize enthaltenden Zylinderboden vor der Matrize abzuschrägen (vgl. Abb. 17), wodurch die starke Krümmung der Strombahnen vermieden wird und ein erhöhter Zufluß von den Seiten eintritt, welche Wirkung sich durch gute Beheizung des Zylinderbodens noch erhöht. Eine solche Abschrägung bedingt zwar einen größeren Preßdruck, hat aber den Vorteil, daß wegen der entsprechend starken Radialkomponente über der Matrize ein gewisser allseitiger Druck herrscht, welcher dem Auftreten von Zugspannungen und Materialtrennungen entgegenwirkt (vgl. S. 48). Die Form des Blocks kann zylindrisch bleiben, derselbe staucht sich unter dem Kolbendruck in die trichterförmige Verengung des Matrizenhalters.

III. Ergänzende Versuche.

1. Verteilung der Drucke.

Es war die Aufgabe der Arbeit gewesen, die Verschiebungen im Innern des plastischen Materials zu studieren. Da nun die Verschiebungen die Folge von Kraftwirkungen sind, so ist es unerläßlich, auch auf die Verteilung der Drucke einzugehen.

Man kann drei Arten von (nicht zusammendrückbaren) deformierbaren Körpern unterscheiden:

1. die reibungslosen Flüssigkeiten,
2. die zähen Flüssigkeiten,
3. die „plastischen" Körper.

Die letzteren beiden unterscheiden sich durch die „innere Reibung" von der ersten Gruppe, durch welche die Teilchen sich bei der Bewegung gegenseitig beeinflussen. Die Größe dieser inneren Reibung hängt außer von der Art des Materials noch von der Geschwindigkeit ab, mit welcher die Deformation erfolgt; entsprechend groß müssen die zur Überwindung der inneren Reibung erforderlichen äußeren Kräfte sein. Während aber bei den zähen Flüssigkeiten (Teer usw.) das Fließen schon bei minimalen Kräften mit dementsprechend langsamer Geschwindigkeit einsetzt, beginnt dasselbe bei den plastischen Materialien erst bei einer gewissen Mindestspannung, der „Fließgrenze". Die zähen Flüssigkeiten können als plastische Massen mit der Fließgrenze 0 aufgefaßt werden. Oberhalb der Fließgrenze verhalten sich beide völlig analog. Die innere Reibung, sowie die an den Grenzen der Masse wirkenden Wandreibungskräfte bedingen, daß zur Aufrechterhaltung des Fließzustandes von den äußeren Kräften dauernd Arbeit geleistet wird, welche in Wärme umgesetzt wird. Die gegenseitige Beeinflussung der Teilchen infolge der inneren Reibung bedingt, daß im Gegensatz zu den reibungslosen Flüssigkeiten die Drucke selbst nicht mehr richtungslose Größen sind, sondern vielmehr an einer bestimmten Stelle nach den einzelnen Richtungen hin verschiedene Werte haben; am herausgeschnitten gedachten Elementarparallelepiped wirken Normalkräfte senkrecht zu dessen Flächen und Tangentialkräfte in dessen Flächen. Das Element kommt zum Fließen, sobald die Fließbedingung der Festigkeitslehre erfüllt ist, wenn nämlich die vom Unterschied der Normalspannungen, ferner von der Tangentialspannung abhängige größte Schubspannung auf einer beliebig durch das Element gelegten Ebene die „Festigkeit", eine für das Material konstante Größe, überschreitet. Es kann jedoch das Element unter einem beliebig hohen allseitigen Druck stehen, ohne daß ein Fließen eintritt.

Die Verteilung der Druckkräfte am Element und in der gesamten Masse hängt von der kinematischen „Fließmöglichkeit" ab. Im Fall des Ausflusses eines plastischen Materials aus einem Gefäß durch eine Öffnung stellt sich in der Nähe der letzteren ein Gebiet verminderten Drucks ein, dort sind infolge des Druckabfalles gegenseitige Verschiebungen innerhalb der Masse möglich. In größerer Entfernung von der Öffnung gleichen sich die Drucke aus, sie wirken „allseitig" auf das Element, so daß die Veranlassung zum Fließen fehlt. Es mögen nun zunächst die von außen auf die Masse wirkenden Drucke betrachtet werden, zumal diese gut meßbar sind, und Schlüsse auf die Druckverteilung im Inneren der Masse gestatten.

Der Ausfluß der Masse beginnt erst bei einem bestimmten Kolbendruck. Es wurde derselbe bei den Versuchen mit Ölton aus der Zusammendrückung von Federn gemessen. Diese waren zwischen zwei gegeneinander geführte Platten und mit diesen zwischen den Kolben und die Preßspindel eingebaut. Die zu jeder Zusammendrückung gehörige Kraft wurde aus einer experimentell ermittelten Eichkurve entnommen. Bei der härteren Wachsmasse wurden die Drucke direkt an der Maschine abgelesen (s. Teil I, S. 9).

Aus den aufgetragenen Kurven erkennt man, daß die Druckkraft abnimmt, je weiter die Pressung vorschreitet, entsprechend der gerin-

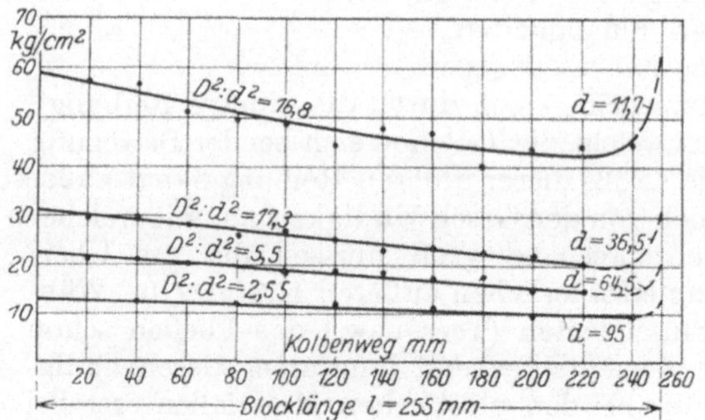

Abb. 18. Der Verlauf des Preßdrucks als Funktion des Kolbenwegs (Material: Wachsmasse).

Verlauf der Kolbenkraft.

Wachsmasse.

Kolbenweg mm:	20	40	60	80	100	120	140	160	180	200	220	240
Kolbenkraft (Matrizendurchmesser 12 mm) . . . kg	10330	10260	9230	9030	9200	7970	8830	8761	7240	7840	8000	8010
Matrizendurchmesser 36 mm	5290	5190	4940	4620	4730	4490	4030	4200	4100	3990	3620	—
Matrizendurchmesser 65 mm	3840	3770	3620	3520	3280	3440	3250	3120	3160	2690	2650	2470
Matrizendurchmesser 95 mm	—	2200	—	2200	—	2200	—	2050	—	1775	—	1750
Matrizendurchmesser 65 mm (kon. Eintrittskante der Öffnung)	4620	4170	4500	4220	3420	3910	3720	4580	4300	3710	—	—
Matrizendurchmesser 95 mm (Preßgeschw. 30 mm/Min.)	4710	4260	3910	3010	3000	2840	2870	2310	2340	2020	—	—

Öltonmasse.

Kolbenweg mm:	20	40	60	80	100	120	140	160	180	200	220	240
Kolbenkraft (Matrizendurchmesser 35 mm) . . . kg	234	260	259	227	222	—	235	249	222	220	222	356
Matrizendurchmesser 65 mm	164	182	184	161	181	168	168	155	157	154	—	—
Matrizendurchmesser 95 mm	101	117	98	118	114	118	90	112	115	105	—	—
Matrizendurchmesser 95 mm (Preßgeschw. 120 mm/Min.)	197	—	183	159	—	150	—	139	142	—	—	—

ger werdenden Blockhöhe und damit der geringer werdenden Reibung an den Zylinderwänden. Bei den Versuchen mit Ölton tritt dieser Abfall der Kraft geringer in Erscheinung. Ferner macht sich bei letzterem der Einfluß der Preßgeschwindigkeit im geringerem Maße geltend.

Wird der Block fast ganz aus dem Zylinder ausgepreßt, so tritt wiederum ein Anstieg der Druckkraft ein, weil das Material alsdann durch einen dünnen Spalt zwischen Kolben- und Matrizenstirnfläche fließt und dabei die Reibung entlang beiden Flächen bei großer Relativ-

geschwindigkeit überwinden muß. Die Größe der Ausflußöffnung ist
von bedeutendem Einfluß auf die Kolbenkraft; einer größeren Matrizenöffnung entspricht naturgemäß die kleinere Kraft. Die Preßgeschwindigkeit vergrößert den erforderlichen Druck gleichfalls. Wie bei den zähen
Flüssigkeiten, sind die zur Deformation erforderlichen Druckkräfte
von den Deformationsgeschwindigkeiten abhängig. Auch die Form
der Matrize ist von Einfluß, bei konischer Eintrittskante wurde der
Preßdruck größer gefunden als bei scharfkantiger Öffnung. Der Kolbenkraft wird das Gleichgewicht gehalten von den Reaktionen des Zylinderbodens (Stirnfläche der Matrizenscheibe), ferner von der Wandreibung
des Blocks an den Zylinderwänden. Die ganze vom Kolben geleistete
Arbeit wird in Wärme verwandelt, sie zerlegt sich in zwei Anteile:
erstens die durch innere Reibung der Teilchen erzeugte
Wärme, zweitens die durch äußere Reibung der Masse
an den Wänden erzeugte Wärme.

Es war nun ferner von Interesse, außer dem auf den
Kolben wirkenden Druck den auf die Zylinderwände
wirkenden Tangentialdruck (Wandreibung), ferner
den auf dieselben wirkenden Normaldruck experimentell zu ermitteln.

Auf der Stirnfläche der Matrize (Zylinderboden) lastet
eine Kraft, die um die Reibung der Masse an den Zylinderwänden kleiner als die Kolbenkraft ist.

Um die vom Zylinder aufgenommenen Reibungskräfte
zu messen, wurden drei Stahlkugeln von 10 mm Durchmesser in die eine Stirnfläche desselben halb eingelassen
(s. Abb. 19). Zwischen die Stahlkugeln und Zylinderboden
(Matrizenhaltering) wurden Scheibchen aus weichem Kupfer gelegt. Die vom Zylinder aufgenommene Kraft be-
wirkte ein Eindrücken der Kugeln in die Kupferunterlagen;
die Größe der Eindruckdurchmesser war ein Maß für die
ausgeübte Kraft. Die zu jedem Eindruckdurchmesser
gehörige Kraft konnte leicht aus einer mit gleicher
Kugel und Kupferstücken mittels der Brinellpresse er-

Abb. 19. Versuchs-
einrichtung
zur Messung
der Drucke.

mittelten Eichkurve abgegriffen werden. Die Summe der zu den drei
Eindrücken gehörenden Druckkräfte stellte dann die vom Zylinder
übertragene Kraft dar, welche durch die Wandreibung der Masse auf
diesen übertragen war. (Die Reibung des Kolbens an den Zylinderwänden ist demgegenüber verschwindend klein, auch war derselbe geölt.)
Oder anders gesagt, übte der Zylinder auf die Randteile des Blocks
diese Reibungskraft aus[1].

Um die von der Masse auf die Zylinderwände ausgeübten Normal-
drucke zu messen, wurde das gleiche Prinzip in etwas anderer Anordnung benutzt. Die Flanschen des längsgeteilten Zylinders (s. Abb. 19)
wurden durch je zwei Schrauben verbunden. Zwischen die Muttern

---

[1] Die Division der Kraft in die vom Block berührte Wandungsfläche liefert
die angenäherte mittlere Reibungskraft pro Flächeneinheit der Wand.

dieser Schrauben und den Zylinderflansch wurden zwei Stahlkugeln gebracht, welche in einen Ring eingelassen waren. Zwischen die Stahlkugeln und den Zylinderflansch wurden wiederum Kupferscheibchen gebracht. Das Ganze wurde so montiert, daß die Kugeln die Kupferstücke gerade leicht berührten. Der auf die eine Zylinderhälfte beim Pressen von der Masse ausgeübte Druck wurde so durch die Kugeln und Kupferstücke auf die andere Zylinderhälfte übertragen, wobei die Kugeleindrücke zustande kamen. Aus den erhaltenen Eindrücken wurde in der vorher beschriebenen Art die zugehörige Kraft ermittelt. Die

Öffnungsdurchmesser Matrize	Form nach Abb. 3., S. 8	Blockhöhe vor und nach der Pressung um Δh		Kolbendruck		Wandreibung (Tangentialdruck)		Normaldruck auf d. Matrize		Normaldruck auf d. Wand		Lage der Mittelkraft der Wand-Normaldrucke σ'' in mm über der Matrize
		vorher nachher mittlere mm		P kg	$\dfrac{P}{F}=\sigma$ kg/qcm	P_t kg	$\dfrac{P_t}{F'}=\tau$ kg/qcm	P' kg	σ' kg/qcm	P'' kg	σ'' kg/qcm	(h=Blockhöhe)
36	a	249,5 244,5 247,0		5410	29,75	1821	1,54	3589	20,9	7163	19,1	$h_2 +$ 2,8
36	a	127,5 125,5 126,5		4260	23,4	750	1,24	3510	20,42	2394	17,7	$h_2 -$ 1,4
65	a	244,5 236,5 240,5		4030	22,15	1980	1,73	2050	13,75	5101	13,95	$h_2 +$ 12,5
65	a	125,5 121,5 123,5		2890	15,90	862	1,47	2820	13,6	2065	11,0	$h_2 +$ 2,8
65	b	231,5 225,5 228,5		3780	20,80	1686	1,54	2094	14,0	4547	13,08	$h_2 +$ 13,0
65	b	112,5 109,5 111,0		2810	15,45	699	1,31	2111	14,1	2461	14,6	$h_2 +$ 7,4
65	c	225,5 214,5 220,0		3970	21,8	1712	1,63	2258	15,1	4466	13,4	$h_2 +$ 4,6
65	d	236,5 231,5 234,0		4270	23,43	1774	1,59	2496	16,7	5093	14,32	$h_2 +$ 7,7
65	d	121,5 112,5 117,0		3020	16,6	780	1,39	2240	15,0	2342	13,1	$h_2 +$ 0,5
95	a	132,5 127,5 130,0		1890	10,4	679	1,09	1221	11,0	1540	7,7	$h_2 +$ 0,4

Division derselben in die Projektion der Zylinderschale liefert die angenäherte spezifische Normalkraft.

Die Anordnung erlaubt übrigens auch noch die Verteilung des auf die Zylinderhälften wirkenden Normaldrucks zu bestimmen: Jede Zylinderhälfte stellt einen auf zwei Stützen (hier zwei paarweise gegenüberliegenden Schrauben) gelagerten, und vom Druck der Blockmasse belasteten Balken dar. Die Stützenkräfte sind ermittelt (in Form der Kugeleindrücke), aus ihrer Größe und Entfernung läßt sich die Lage des resultierenden Drucks der Masse nach dem Hebelgesetz rechnen. Diese Rechnung wird naturgemäß nur dann genau genug, wenn der Block jeweils nur um ein kleines Stück Δh ausgepreßt wird, wobei die Kugeleindrücke erzeugt werden; denn mit sich verändernder Blockhöhe ändert sich auch die Verteilung der Drucke auf die Zylinderhälften.

Diese Messungen wurden mit Matrizen von verschiedenen Profilformen und lichten Durchmessern ausgeführt, und zwar bei verschiedenen
Höhen des Blocks. Zu jeder Messung wurde der Block um $\varDelta h =$ rund
5 mm ausgepreßt, so viel als gerade genügte, daß die Kugeleindrücke
zustande kamen. Bei der Ausrechnung der Mittelkraft wurde die mittlere Blockhöhe der jeweiligen Teilpressung eingesetzt. Dabei wurden
die Werte der Zahlentafel S. 46 ermittelt.

Die Messungen zeigen, daß ein beträchtlicher Teil der Kolbenkraft
vom Zylinder abgefangen wird. Die Wandreibung ist um so größer,
je höher der Block ist, sie kann bis zur Hälfte der Kolbenkraft ausmachen. Die Mittelkraft des normalen Seitendrucks auf die Wände
liegt etwas über der jeweiligen Blockmitte; die Drucke sind annähernd
gleichmäßig auf die Wandfläche verteilt. Der Druckabfall in der Nähe
der Matrize macht sich sonach auf die Wand nur in geringem Maße
bemerkbar. Der mittlere spez. Druck auf die Wand ist kleiner als der

vom Kolben ausgeübte spez. Druck; am Kolben
ist letzterer am größten, weil ja die Wandreibung
der ganzen Blocklänge überwunden werden muß.
Der Druck auf die Stirnfläche der Matrize ist
bei verschiedener Blockhöhe (bei derselben Öffnung) stets gleich groß; er ist naturgemäß um so
größer, je kleiner die Matrizenöffnung ist. Von
Matrizen gleicher Öffnung, aber verschiedener
Profilform ist er am kleinsten bei scharfkantiger Eintrittskante. An der Stirnfläche der
Matrize bewirkt der starke Normaldruck eine
entsprechend starke Reibung des an ihr entlang strömenden Materials. Diese Reibungskraft an der Matrizenstirnfläche ist leider experimentell schwer zu ermitteln.

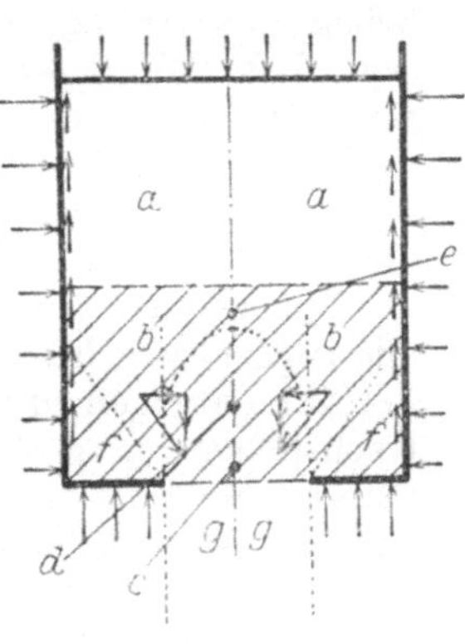

Abb. 20.

Die Drucke im Innern der Masse sind schwierig zu messen,
wohl aber kann man aus den beobachteten Deformationen gewisse
Schlüsse auf die Druckverteilung ziehen. Es mögen im folgenden die
einzelnen Zonen getrennt besprochen werden.

Im oberen Teil des Blocks (a) in Abb. 20 herrscht keine Relativbewegung. Es ist dort mithin im Element die größte Schubspannung
kleiner als die Fließgrenze (vgl. die Fließbedingung S. 85). Die auf
dasselbe wirkenden Drucke heben sich in ihrer Wirkung auf, es herrscht
eine allseitige starke Pressung, ein Fließen kann nicht eintreten, obwohl
der spezifische Druck ein Mehrfaches der Fließgrenze beträgt (vgl. vor-
stehende Tabellen). Nach dem Kolben hin wächst der Axialdruck
wegen der zunehmenden Reibungsfläche des Blocks an der Wandung.

In der Fließzone (b) in Abb. 20 findet nach der Mündung hin ein
Druckabfall statt, weil in der Öffnung kein Gegendruck auf die Masse
ausgeübt wird, oder anders gesagt, die Öffnung bietet kinematisch die
einzige „Fließmöglichkeit", dementsprechend stellt sich nach dorthin
der Druckabfall ein. Die Fließzone ist, wie die Versuche zeigten, um
so kleiner, je kleiner die Öffnung ist (bei gleichem Zylinderdurchmesser),

denn um so mehr stellt dann die Störung einen gleichmäßigen Zustrom von allen Seiten auf einen Punkt hin dar. Je größer die Öffnung ist, um so weiter nach dem Zylinderinnern hinein erstreckt sich die Fließzone, in um so größerer Entfernung von der Öffnung findet ein Druckausgleich statt (vgl. hierzu das auf S. 19 Gesagte). Der vom Kolben auf die Masse übertragene Axialdruck wird — abgesehen von der Reibung des Blockes an den Gefäßwänden — von dem ringförmigen Zylinderboden aufgenommen. Da die Zylinderwand ein seitliches Ausweichen des Materials verhindert, kommt in der Masse ein Radialdruck zustande, welcher sich bis in das unmittelbar über der Öffnung gelegene Gebiet verminderten Druckes fortsetzt. Die hier befindlichen Elemente werden unter diesem Radialdruck in axialer Richtung gestreckt, es tritt aber dort entgegen der Erwartung nicht nur kein axialer Druck auf, es kommen sogar Zugspannungen zustande. Die seitlich zuströmenden Teile üben nämlich auf die über der Mündung befindlichen eine schräg nach der Öffnung gerichtete Druckwirkung aus (vgl. Abb. 20), deren axiale Komponente eine Zugwirkung der bei (c) schneller fließenden auf die darüber (bei d) befindlichen (langsamer fließenden) Teile hervorruft. Das über der Öffnung befindliche Material wird gleichsam von der über dem ringförmigen Boden befindlichen und dort verdrängten Masse mitgespült. Je größer die Radialkomponente des Druckes der seitlich zufließenden Partien ist, um so stärker ist der allseitige Druck über der Öffnung, welcher die Zugspannung überlagert und ihr entgegenwirkt. Es sind infolgedessen die Zugkräfte um so beträchtlicher, je größer die Öffnung ist (bei gleichem Zylinderdurchmesser), weil dann die Radialkomponente klein ist im Verhältnis zu axialen und weil ferner die absolute Größe derselben an sich klein ist, denn die Verschiebung des Materials nach der großen Öffnung erfordert geringe Kräfte, so daß kein allseitiger Druck zustande kommen kann.

Infolge der besagten Zugkräfte können über der Mündung Materialtrennungen, unganze bzw. Hohlstellen auftreten, welche sich besonders an Stellen von geringem Zusammenhalt zeigen. So ist bei den Versuchen mit plastischen Massen die Bildung von Hohlräumen am Zusammenstoß zweier Horizontalschichten häufig zu beobachten (vgl. Abb. 37). Wird der Ausflußvorgang so lange fortgesetzt, daß der Kolben in dieses Gebiet der Zugspannungen eintritt, so bildet sich dort ein trichterförmiger Hohlraum vor dem Kolben. Beim Warmpressen der Metalle entstehen konzentrische unganze Stellen bzw. Hohlräume dann, wenn die Kohäsion des Materials schlecht ist (Lunker, Bleigehalt bei Messing usw., vgl. Abschnitt II, S. 40). Die Zugspannungen über der Öffnung nehmen nach dem Zylinderinnern schnell ab, und gehen da, wo der schräge Zufluß des seitlichen Materials aufhört, in Druck über (bei e in Abb. 20).

Das in der von Zylinderwand und Boden gebildeten Ecke (f) sitzende Material steht unter allseitiger Pressung, es nimmt an der Fließbewegung wenig teil, denn der Zugang zur Öffnung ist hier nur unter einem geneigteren Winkel möglich, die Strombahn verläuft hier stärker gekrümmt, das Material aber sucht diese Krümmung zu ver-

meiden (vgl. S. 50) außerdem ·macht sich der bremsende Einfluß der
Reibung am Zylinderboden geltend. An der Grenze dieses Strömungsschattens stellt sich eine beträchtliche Relativbewegung des Materials
ein, weil gerade dort der stärkste Druckabfall herrscht. Ist die Kohäsion
des Materials gegenüber der inneren Reibung klein, so kann an dieser
Stelle eine trichterförmige Abscherung eintreten, es bildet sich eine
Art Rutschungskegel aus. Bei einem Versuch mit Paraffin war dieses
Abscheren zu beobachten. Der Winkel, unter welchem sich die annähernd ruhende Zone von der übrigen Masse abgrenzt, ist um so steiler,
diese Zone ragt also um so höher in den Zylinder hinein, je größer bei
gleichem Gefäßdurchmesser die Öffnung ist, weil dann das über der
Mündung befindlich druckfreie Gebiet sich um so höher ins Zylinderinnere
erstreckt und mithin der Druckabfall zwischen dem über dem Boden
befindlichen unter Axialdruck stehenden Teil und jenem druckfreien
Gebiet um so schärfer ist. Je kleiner aber die Öffnung, um so gleichmäßiger ist der allseitige Druckabfall nach derselben hin, um so gleichmäßiger ist der Zustrom von allen Seiten her, desto mehr nimmt das
in der Ecke befindliche Material an der Bewegung teil.

Auf die Stange ($g - g$ in Abb. 20) können nur von der in der
Öffnung befindlichen Stirnfläche Kräfte seitens der übrigen Blockmasse
übertragen werden. Die Wandung der Matrize kann keine Kräfte
übertragen, denn der Durchmesser der Stange ist etwas kleiner als die
Öffnung (s. Abschnitt II, S. 38). (Nur Materialien mit einer gewissen
Volum-Elastizität vergrößern ihren Durchmesser nach dem Durch-
tritt durch die Öffnung, z. B. Ölton.) Da also ein Manteldruck auf die
Stange nach dem Verlassen der Öffnung bei der Matrize fehlt, ein allseitiger Druck also innerhalb der Stange nicht zustande kommen kann,
so können die auf die Stirnfläche in der Höhe der Öffnung wirkenden
Spannungen nur von der Größe der Fließgrenze selbst sein, denn die
Stange hat ja die Möglichkeit, ihren Durchmesser zu verändern und damit einen Ausgleich der Spannungen herbeizuführen. Es werden sich
mithin die Relativbewegungen unmittelbar nach dem Verlassen der
Matrizenöffnung ausgleichen, die Stange bewegt sich von da ab als ein
starres Gebilde. Es verbleiben jedoch im Material elastische Spannungen
zurück, denn sobald die Relativbewegung in der Masse aufhört, ist die
Spannung gerade an der Fließgrenze. Der Kern der Stange steht nach
dem weiter oben Gesagten unter Zugspannung, die Außenhaut wird von
dem in den Zylinderecken sitzenden, langsam fließenden Material zurückgehalten, es besteht mithin auch dort Zugspannung. Die da-
zwischen liegende Zone enthält axiale Druckspannung. Über dem
Querschnitt gemessen hebt sich die Summe dieser Zug- und Druckkräfte aus Gleichgewichtsgründen naturgemäß auf. In radialer Richtung besteht offenbar Zugspannung, während in der Richtung des Umfangs Druckspannung herrscht (s. d. Bildung der konzentrischen Hohlräume).

Gesetzmäßigkeiten für die Anordnung der Strombahnen.
Das Strömungsbild des Ausflußvorgangs und damit auch die Druckverteilung war, wie die Versuche zeigten, unabhängig von der Art des

Materials (sofern dasselbe homogen war, s. S. 18), sondern nur von den
kinematischen Verhältnissen, d. h. Gefäß und Öffnungsdurchmesser abhängig. Man kann sogar aus der Überlegung heraus die Anordnung der Strombahnen bis zu gewissem Grad vorausbestimmen:

Im oberen Teil des Zylinders sind die Stromlinien zueinander parallele Gerade, in der Stange müssen sie sich ebenfalls als zueinander parallele Gerade fortsetzen, ihre gegenseitigen Abstände erscheinen dort im
Verhältnis $\frac{\text{Gefäßdurchmesser}}{\text{Mündungsdurchmesser}}$ verengt (s. S. 15). Es fragt sich nur
noch, nach welchen Gesetzen sich der Übergang der Stromlinien in der
„Zone der Relativbewegung" (b) in Abb. 20 einstellt. Nach einem allgemeinen Prinzip der Mechanik verläuft jeder Formänderungsprozeß
so, daß dabei der Gesamtarbeitsaufwand zu seiner Erreichung ein
Minimum wird, denn es fließt ja jedes Teilchen in der Richtung des
geringsten Widerstandes. Die aufzuwendende Arbeit ist um so größer,
je größer die Relativgeschwindigkeit der Teilchen gegeneinander ist,
denn die innere Reibung (und damit
die zu ihrer Überwindung notwendigen Kräfte) ist der Deformationsgeschwindigkeit proportional. Es werden demnach die Stromlinien sich
so anordnen, daß die Relativverschiebung in der Masse möglichst
gering wird, das aber ist dann der
Fall, wenn einmal der Verlauf der
Stromlinien ein möglichst stetiger,
wenig gekrümmter ist, und ferner

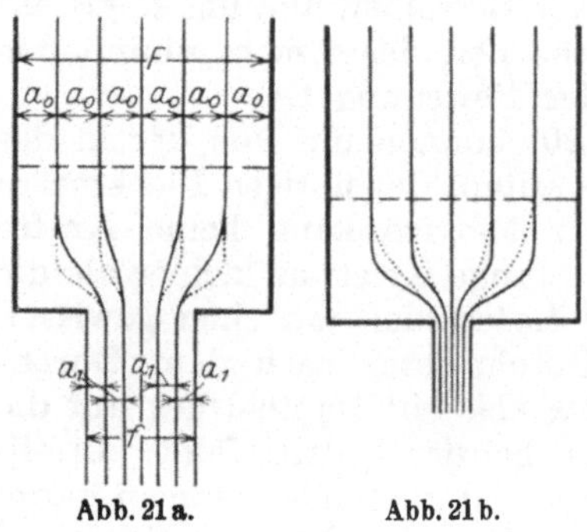

Abb. 21 a.   Abb. 21 b.

wenn die Verengung eine in allen Stromröhren gleichmäßige ist. Es sind
das zwei entgegengesetzte Bedingungen: einerseits sucht das Material bei
seiner Bewegung die scharfe Ecke des Zylinders abzurunden, weil die
Krümmung der Strombahnen Deformationsarbeit bedingt, ferner weil die
Überwindung der Wandreibung Arbeit erfordert, beide aber sind der Geschwindigkeit proportional. Die Geschwindigkeit wird also in jener Ecke
abfallen, damit diese Arbeitsbeträge klein werden. Dann aber wird andererseits die Verengung der Stromröhren innerhalb der Masse ungleichmäßig, es findet an der Grenze des Strömungsschattens eine stärkere Relativbewegung statt, welche ihrerseits einen größeren Arbeitsaufwand
bedingt. So ist z. B. die in Abb. 21 a gestrichelte Einstellung der Strombahnen unwahrscheinlich, weil sie eine zu starke plötzliche Krümmung
bedingen würde, es würde dabei ein größerer Arbeitsbetrag aufzuwenden sein, als zu dem allmählich verengten Verlauf, trotzdem dabei
die Relativverschiebung gegenüber dem in der Ecke sitzenden Material
größer wird. In Abb. 21 b, welche den Ausfluß aus einer kleinen Öffnung
darstellt, wäre andererseits der gestrichelte Verlauf unwahrscheinlich,
weil infolge der starken Querschnittsunterschiede der Stromröhren am
Rand und in der Mitte eine große Relativverschiebung im Material bedingt würde, die einen größeren Arbeitsaufwand erfordern würde als

eine stärkere Krümmung bei gleichmäßiger Verengung der Stromröhren.

Die Abhängigkeit der Strömung vom Grad der inneren Reibung. Mit dem Strombild ist die Kinematik des Ausflußvorgangs vollkommen festgelegt (vgl. Teil I). Da nun die Stromlinien in der Stange wiederum zur Achse parallele Gerade sind, so müssen die beiden ursprünglich zur Achse parallelen Kanten eines Elementarteilchens in der Stange wieder parallel zur Achse stehen. Die gesamte Veränderung, welche es von seiner Anfangslage im oberen Teil des Blocks bis zur Stange erfahren hat, kann zerlegt gedacht werden in eine Verschiebung seines Schwerpunkts (Translation), eine Drehung um den Schwerpunkt (Rotation) und eine reine Deformation. Die reine Deformation wird durch solche Kräfte bewirkt, welche durch seinen Schwerpunkt gehen, es bleiben dabei sämtliche Kanten zu den ursprünglichen parallel oder sämtliche vier Kanten nehmen eine zu der ursprünglichen geneigte Lage ein, derart, daß z. B. die ursprünglich senkrechte Kante eine Rechtsdrehung vollführt, während die ursprünglich wagrechte sich nach links neigt, jedenfalls muß die Summe der Winkelgeschwindigkeiten um den Schwerpunkt verschwinden. Sind nun, wie im Fall des Ausfließens plastischer Massen, die ursprünglich senkrechten, parallel zur Achse verlaufenden Kanten eines Elements auch in

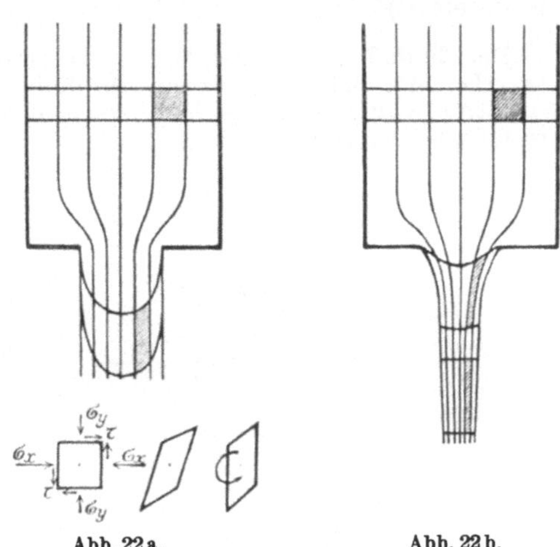

Abb. 22a.Abb. 22b.

der Stange wieder parallel zu derselben, die anfangs horizontalen Kanten aber geneigt, so ist die Summe der Winkelgeschwindigkeiten nicht Null, das Element hat außer der Translation und Deformation noch eine Drehung um seinen Schwerpunkt erfahren. Diese Drehung kann nur von den am Umfang des Elements wirkenden Reibungskräften herrühren. Das in der Ecke befindliche, langsamer fließende Material übt auf die schneller vorbeifließenden mittleren Teile eine bremsende Wirkung, ein „Drehmoment" aus, welche sich unter Vermittlung der inneren Reibung nach dem Innern der Masse fortsetzt (s. Abb. 22). Bei den unter dem Einfluß der Massenkräfte strömenden, reibungslosen Flüssigkeiten, bei welchen die Druckenergie restlos zur Massenbeschleunigung dient, kann wegen des Fehlens der inneren Reibung eine Drehung der Teilchen nicht auftreten. Die Elemente nehmen dann in dem, sich unter dem Einfluß der Trägheit der seitlich zuströmenden Teile kontrahierenden Strahl die in Abb. 22b gezeichnete Form an. Sobald die innere Reibung so gering wird, daß die Massenkräfte sich bemerkbar machen, stellt sich eine Einschnürung des Strahls ein, es finden innerhalb desselben noch

Deformationen statt, da die Geschwindigkeit außen größer ist als innen
und ein Ausgleich erst später stattfindet. Es ist jedoch die Einschnürung
um so geringer, je stärker die innere Reibung in Erscheinung tritt, und
verschwindet von einem gewissen Grad derselben ab, wenn die Reibungskräfte gegenüber den Beschleunigungskräften sehr groß werden. Unter-
halb dieser Grenze hängt der Strömungsverlauf vom Grad der Zähig-
keit, der inneren Reibung ab. Bei der langsamen Strömung plastischer
Massen sind die Beschleunigungskräfte gegenüber der hohen inneren
Reibung vollkommen vernachlässigbar, es bildet sich keine Einschnürung, in der Stange finden Deformationen nicht mehr statt, auch in
der Deformationszone herrscht — wie die Versuche zeigten — ein vom
Grad der Plastizität unabhängiger Strömungsverlauf. (Auch die äußere
Reibung an den Wänden steht somit in einem bestimmten Verhältnis
zur inneren.)

Der Einfluß der obenerwähnten Druckkräfte spielt bei allen Verformungen
plastischer Materialien eine wesentliche Rolle. So rührt die Ausbauchung beim
Stauchen zylindrischer Körper lediglich von dem von der Reibung der Stirnflächen
ausgeübten Drehmoment her.

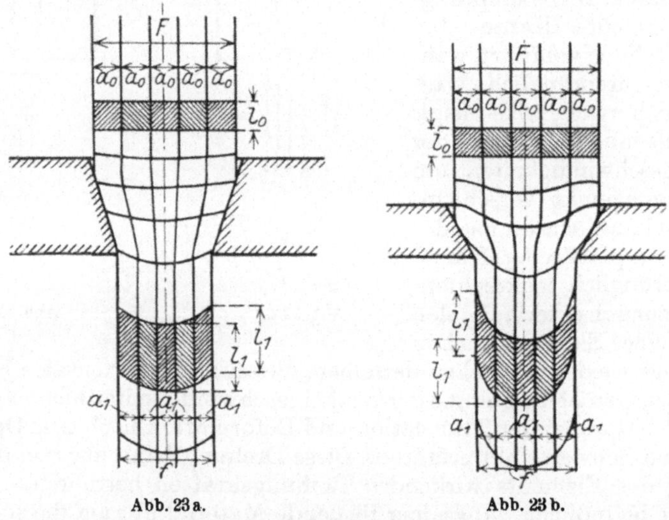

Abb. 23 a.   Abb. 23 b.

Die Fließbewegung beim Ziehen.

Es möge an dieser Stelle auf die zwischen dem Preßvorgang und dem Ziehvorgang bestehende Analogie hingewiesen werden: Beim Ziehen handelt es sich
wiederum um die Verjüngung eines Querschnitts, es ist hier im Gegensatz zum
Pressen das eintretende Material kräftefrei, während das aus der Düse austretende
gezogen wird. Wie beim Pressen sind die Stromlinien sowohl vor dem Eintritt als
auch nach dem Austritt zur Achse parallele Gerade, sie haben an letzterer Stelle
eine gleichmäßige Verengung erfahren im Verhältnis $\dfrac{\text{Austrittsdurchmesser}}{\text{Eintrittsdurchmesser}} = \dfrac{R}{r}$.
Ganz ähnlich wie beim Pressen haben sich die ursprünglich senkrecht zur Achse
liegenden Schichten nach dem Durchgang durch die Düse trichterförmig verformt, weil die Randteile infolge der Krümmung der Strombahnen langsamer

geflossen sind gegenüber den in der Achse liegenden. Die axiale Streckung der Elemente ist jedoch im gesamten Stangenquerschnitt dieselbe, nach dem Rand zu erschienen die ursprünglich quadratischen Querschnitte der Elemente zu Rhomben umgeformt und sind deshalb stärker deformiert als die in der Achse liegenden. Der Querschnitt sämtlicher Elemente ist im austretenden Teil der Stange der gleiche, und zwar im Verhältnis $\dfrac{R}{r}$ größer als im eintretenden Material. Die Breite der Elemente ist im Verhältnis $\dfrac{R}{r}$ kleiner geworden, die in der Achsrichtung gemessene Länge derselben hat mithin im Verhältnis $\dfrac{R^2}{r^2}$ zugenommen. Das Maß der unterschiedlichen Deformation zwischen Rand und Mitte hängt bei gleicher Querschnittsverjüngung von der Form, bzw. dem Winkel der Ziehdüse ab (s. Abb. 23a, b). Je stumpfer der Winkel, um so stärker ist die Krümmung der Stromlinien am Rand der Düse, um so beträchtlicher ist das Zurückbleiben und damit die Verformung der Randelemente. Bei Anwendung großer Ziehwinkel im Verhältnis zur Querschnittsabnahme treten infolge des seitlichen Zuflusses ähnliche Materialtrennungen auf, wie dies beim Pressen zu beobachten war (sog. Ziehkegel), weil dann die Radialkomponente des Wanddrucks zu klein wird, um einen die Trennung verhindernden allseitigen Druck im Deformationsgebiet zu erzeugen (vgl. S. 48)[1].

Beim Warmpressen der Metalle werden die Drucke im wesentlichen ähnlich verteilt sein wie bei den plastischen Massen. Ein Unterschied besteht jedoch darin, daß infolge der Wanderung der Außenhaut des Blocks entlang der Kolbenstirnfläche dort noch zusätzliche Reibungskräfte sind (s. S. 35).

Die auf den Kolben ausgeübte Kraft muß wiederum die innere und äußere Reibung der Masse überwinden. Wegen der sich verkleinernden Blockhöhe fällt auch hier der Druck gegen Ende der Pressung ab. Dabei überlagern sich noch zwei Erscheinungen: einmal werden infolge der zunehmenden Abkühlung des Materials die Drucke höher; dann aber wird die gesamte, zum Fließen aufgewendete Arbeit in Wärme verwandelt, welche zur Temperaturerhöhung des Blocks dient[2]. Die Temperatur der Zylinderwand spielt nun weiter eine große Rolle auf die Abkühlung und damit auf den Druckverlauf. Bei kaltem Rezipienten steigt bei sonst gleichen Verhältnissen der Stempeldruck von vornherein.

---

[1] Die obige Betrachtungsweise der Deformationsvorgänge beim Ziehvorgang ist vielleicht in einigen Punkten neuartig. Bezüglich des Zieh- und Walzproblems siehe insbesondere die umfassenden Arbeiten von Weiß, Z. f. Metallkunde 1923 Heft 5, ferner Metallkunde 1925 Heft 7. An letzterer Stelle wird auch auf ein von Nielsen angegebenes Verfahren zur Sichtbarmachung der Fließbewegung beim Ziehvorgang hingewiesen. Des weiteren s. Weiß: Z. f. Metallkunde 1927 Heft 2 u. 3. Dort auch über den Einfluß der Größe des Ziehwinkels auf den Kraftbedarf und die Materialbeanspruchung.

[2] Diese Temperaturerhöhung, welche die Metallmasse wiederum weicher macht und damit den Druck erniedrigt, beträgt z. B. bei den Versuchen mit Messing: Öffnungsdurchmesser 30 mm, mittlerer Kolbendruck 175000 kg (aus der Manometeranzeige), Kolbenweg = Blockhöhe = 0,225 m; daher während der Pressung entstehende Wärmemenge $= \dfrac{175000 \cdot 0{,}225}{427} = 92{,}3$ Kal., Blockgewicht $= 17{,}8$ kg, spez. Wärme des Messings $= 0{,}090$, somit mittlere Temperaturerhöhung $= \dfrac{92{,}3}{17{,}8 \cdot 0{,}090} = 57{,}7^{\circ}$ C.

2. Weitere Ergänzungsversuche: Ausflußversuche mit Blei.

Es war beabsichtigt gewesen, wie mit plastischen Massen, auch mit Blei systematische Versuche anzustellen. Es war zu diesem Zweck ein Zylinder von gleichem Durchmesser und Höhe wie bei jenem angefertigt worden. Derselbe bestand aus einem nahtlosen Rohr, über welches Schrumpfringe gezogen waren, so daß die Gesamtwandstärke 60 mm betrug. Der Block war aus Bleiplatten aufgeschichtet; in die Platten waren (wie bei den Metallversuchen des Teiles III) Ringnuten eingedreht. Zwischen die Bleiplatten wurden zur Markierung einzelner Punkte — ebenfalls mit Ringnuten versehene — Scheiben aus 0,5 mm starkem Zinnblech gebracht. Die Pressung geschah auf einer hydraulischen Presse von 300000 kg maximalem Preßdruck. Die Kolbenkraft wurde, da sich an der Presse kein Manometer befand, aus der Zusammendrückung von zylindrischen Kupferkörpern bestimmt, welche zwischen die Presse und den Kolben eingebaut wurden. Auf einer Materialprüfungspresse mit Kraftablesung wurde eine Eichkurve mit einem gleichen Probekörper aufgenommen, aus welcher jener Preßdruck der hydraulischen Presse ermittelt werden konnte.

Der Ausfluß begann bei einem so ermittelten Preßdruck von 255000 kg (spezifischer Kolbendruck = 1410 kg pro Quadratzentimeter) auf die Bleimasse. Der Blocklängsschnitt wurde mit Schwefelammonium geätzt, wobei sich das Blei grauschwarz färbte, während die Zinnzwischenlagen weiß bleiben.

Der Vergleich mit den Versuchen der plastischen Massen zeigte, daß bei Blei genau die gleichen Bewegungserscheinungen während der Pressung vor sich gegangen sind wie bei jenen.

3. Ergänzungsversuche von vorwiegend theoretischem Interesse: Der Ausfluß aus einem Spalt (das ebene Problem).

Die theoretische Erfassung von Strömungsverhältnissen gestaltet sich allgemein einfacher, wenn die Strömung in jedem Parallelschnitt dieselbe ist. Man kann alsdann von der senkrecht zur Bildebene gerichteten dritten Koordinate z absehen und die Strömung als nur abhängig von zwei Koordinaten x, y betrachten: Das sogenannte „ebene Problem", „ebene Parallelströmung". Da es nicht nur für die vorliegende Arbeit, sondern auch für späteren theoretischen Ausbau von anderer Seite wichtig erschien, auch eine solche Strömung plastischer Massen experimentell zu erforschen, so wurden zur Ergänzung einige derartige Ausflußversuche vorgenommen. In unserem Fall bedeutet das ebene Problem den Ausfluß aus einem rechtkantigen Gefäß (von großer Tiefe gegenüber der Breite) durch einen zu zwei Wänden parallelen Bodenspalt. Übrigens hat auch dieses vorwiegend theoretische Problem eine technologische Anwendung: nämlich das Fließen des Metalls beim Pressen und Schmieden im geschlossenen Gesenk[1]. Das

---

[1] Auch das Walzen im geschlossenen Kaliber.

Fließen aus einem größeren Raum des Gesenkes in eine engere Aussparung, einen Spalt, hat mit dem oben beschriebenen Ausflußvorgang eine gewisse Ähnlichkeit, welche erlaubt, in gewissen Fällen vergleichende Schlüsse zu ziehen.

Das Preßgefäß war wiederum zweiteilig. Die Profilformen der benutzten Spaltöffnungen waren die gleichen wie bei den Versuchen mit kreisrunder Öffnung des Teils I. Der Spalt konnte durch entsprechende Zwischenstücke beliebig breit eingestellt werden. Die Versuchsblöcke wurden in ähnlicher Weise wie bei den Versuchen aus zylindrischem Gefäß präpariert, nämlich so, daß sich im Längsschnitt das gleiche Bild ergab wie in Abb. 2, S. 6. Die Elemente bestanden jedoch nicht aus Ringen, sondern hier aus Rechtecken von gleichem Querschnitt wie jene, und von derselben Tiefe wie das Gefäß. Es war sonach möglich, die Schnittbilder der Preßversuche aus zylindrischem Gefäße unmittelbar mit denen aus rechteckigem Gefäß hinsichtlich der Deformationen zu vergleichen.

Die Versuche wurden mit verschiedener Spaltbreite sowohl mit der Öltonmasse als auch mit der Wachsmasse durchgeführt. Die Ausführung der Versuche geschah im übrigen in genau der gleichen Weise wie bei den Versuchen des Teils I, weshalb hier auf den entsprechenden Abschnitt der Arbeit verwiesen werden kann. Es wurden gleichfalls aus je zwei Pressungen die Strömungsbilder konstruiert, ferner aus sämtlichen aufeinander folgenden Preßstufen die Bahnkurven.

Der Umfang der Arbeit verbietet die Anfügung von Abbildungen aus dieser Versuchsreihe.

Die gefundenen Bewegungsvorgänge sind denen aus zylindrischem Gefäß mit konzentrischer Öffnung völlig analog. Die Stromlinien nehmen mit großer Annäherung den gleichen Verlauf wie bei den Versuchen des Teils I. Da die Stromflächen beim ebenen Problem prismatische Flächen mit den Stromlinien als Schnittkurven sind, so ist der Querschnitt der (prismatischen) Stromröhren identisch mit dem jeweiligen Abstand zweier Stromlinien (s. dazu Teil IV). Es ist im Fall dieser ebenen Parallelströmung die an jeder Stelle herrschende Geschwindigkeit umgekehrt proportional dem Abstand der Stromlinien (Genaueres s. Teil IV), während beim achsensymmetrischen Fall des Ausflusses aus einem Zylinder noch die radialen Entfernungen der Stromröhren von der Achse berücksichtigt werden mußten (s. Teil I, S. 13).

IV. Die rechnerische Erfassung der Bewegungsvorgänge beim Fließen plastischer Massen.

1. Die Arbeiten von Tresca, St. Venant, u. a.

Bereits Tresca hatte den Versuch unternommen, die Ausflußvorgänge theoretisch zu erfassen (vgl. S. 3). Er ging dabei[1] von den für

---

[1] Comptes Rendus 1868, I.

reibungslose Flüssigkeiten gültigen hydrodynamischen Gesetzen aus. Der Einfachheit halber behandelt er den „ebenen Fall“ des Ausflusses aus einem Gefäß von rechteckigem Querschnitt durch einen Spalt von der Tiefe[1] des Gefäßes. Ist die Tiefe des Gefäßes groß gegenüber der Breite, so wird in jedem senkrecht zum Ausflußspalt durch das Gefäß gelegten Schnitt der Fließvorgang der gleiche sein (s. Teil III, S. 54). Man kann alsdann die Bewegungsvorgänge als unabhängig von der dritten Koordinate und nur abhängig von den Koordinaten x, y der Schnittebene betrachten.

Tresca denkt sich den Block in zwei Gebiete zerlegt: einen mittleren Teil, bestehend aus einem Rechtkant von der Breite des Ausflußpaltes als Basisfläche, der Höhe und Tiefe des Gefäßes; ferner aus den beiden angrenzenden Teilen. Jeder dieser Teile wird als unabhängig vom andern behandelt. Es wird von den für reibungslose Flüssigkeiten geltenden Eulerschen Bewegungsgleichungen ausgegangen. Diese werden mit Hilfe vereinfachender Annahmen integriert. An den Grenzflächen der beiden Teile gehen alsdann die erhaltenen Werte für die Geschwindigkeit nicht stetig ineinander über, es entstehen hier Unstetigkeiten. In der Erkenntnis dieses Übelstandes entwickelte de St. Venant[2] eine weitere mathematische Behandlung des Ausflußvorganges (auf Grund der im Teil I beschriebenen Versuche von Tresca, s. S. 3), ohne den Block in verschiedene Teile zerlegt zu denken und getrennt zu behandeln. Er geht ebenfalls von den Eulerschen Gleichungen aus und macht die Annahme, daß die Geschwindigkeit u, v die Ableitung ein und derselben Funktion φ sind.

Wie St. Venant nun in späteren Arbeiten Comptes rendus 1869 usw. hervorhebt, kommt der eben beschriebenen Theorie nur eine beschränkte Bedeutung zu. Die Ansätze gingen von den Eulerschen Gleichungen der Hydrodynamik aus, es wurde vorausgesetzt, daß die an einem Punkt wirkenden Drucke nach jeder Richtung hin gleich sind, daß Tangentialspannungen fehlen. Das trifft jedoch nur für vollkommen reibungslose (ideale) Flüssigkeiten zu, nicht aber für zähe, geschweige denn für plastische Massen. Der obige Ansatz ist rein kinematisch: Es wird die Gleichung für die Erhaltung des Volumens integriert unter Berücksichtigung der besonderen Grenzbedingungen. Die Geschwindigkeitskomponenten u, v sollen vollständige partielle Ableitungen einer einzigen Funktion sein, das trifft, wie St. Venant selbst betont, nur in denjenigen Fällen zu, wo es sich um reibungslose Flüssigkeiten handelt, oder bei zähen Flüssigkeiten dann, wenn an den Grenzen des betrachteten Flüssigkeitsvolumens keine Reibungskräfte auf dasselbe wirken können, daß also keine „Drehung“ (sog. Rotation) der Elemente eintreten kann; wenn anders gesagt, die Kräfte ein „Potential“ haben. Beim Ausflußvorgang plastischer Massen treten jedoch sicher Rotationen der Elemente auf, hervorgerufen durch die Reibung

---

[1] Mit „Tiefe“ ist die Ausdehnung des Gefäßes senkrecht zur Breite gemeint.
[2] Comptes Rendus 1868, II.

der Masse an den Gefäßwänden. Diese Drehung der Elemente ist übrigens an den Abbildungen des Teils I deutlich erkennbar.

Durch die technologischen Versuche Trescas über den Stauch- und Lochvorgang angeregt, entwickelte St. Venant später[1] eine vollständige Theorie der plastischen Massen. Er stellte ein System von Bewegungsgleichungen für den ebenen Fall auf, deren Zahl gleich der der Unbekannten (Normal- u. Tangentialspannungen, Geschwindigkeiten) war. Über die Integration der Gleichungen erschienen Arbeiten von Levy, Journal d. Math. 1871 (Liouville, Paris), ferner St. Venant, Boussinesq, Combescure, 1872 (Comptes Rendus 1872); eine vollständige Integration der Gleichungen ist bisher nicht gelungen, trotz der neueren Arbeiten auf dem Gebiet der plastischen Deformationen: Th. v. Karman Phys. Grundlagen der Festigkeitslehre.

Fernerhin: Haar u. v. Karman: Zur Theorie der Spannungszustände in plastischen und sandartigen Medien (Gött. Nachr. Math. Phys. Kl. 1909).

Die Bewegungsgleichungen für plastische Massen lauten im Fall des ebenen Problems, bei welchem nur zwei Koordinaten x, y bestehen, während in jedem parallel zur x-, y- Ebene durch die Strömung gelegten Schnitt der gleiche Bewegungsvorgang herrscht, so daß die dritte Koordinate z herausfällt, wie folgt:

$$\text{I. } \frac{\partial \sigma_x}{\partial x} + \frac{\partial \tau}{\partial y} = -\varrho\left(X - \frac{\partial u}{\partial t} - u\frac{\partial u}{\partial x} - v\frac{\partial u}{\partial y}\right);$$

$$\text{II. } \frac{\partial \tau}{\partial x} + \frac{\partial \sigma_y}{\partial y} = -\varrho\left(Y - \frac{\partial v}{\partial t} - u\frac{\partial v}{\partial x} - v\frac{\partial v}{\partial y}\right);$$

$$\text{III. } \frac{\partial u}{\partial x} + \frac{\partial v}{\partial y} = 0;$$

$$\text{IV. } \tau^2 + \left(\frac{\sigma_y - \sigma_x}{2}\right)^2 = K^2 \text{ (s. Fußnote 2)};$$

$$\text{V. } \frac{\sigma_y - \sigma_x}{2\tau} = \frac{\frac{\partial v}{\partial y} - \frac{\partial u}{\partial x}}{\frac{\partial v}{\partial x} + \frac{\partial u}{\partial y}}.$$

$u =$ Horizontalkomponente der Geschwindigkeit.

$v =$ Vertikalkomponente der Geschwindigkeit.

$\sigma_x =$ spez. Druck in Richtung x auf die zur x-Koordinate senkrechte Fläche des Elements.

$\sigma_y =$ spez. Druck in Richtung y auf die zur y-Koordinate senkrechte Fläche des Elements.

$\tau =$ spez. Druck in Richtung x auf eine senkrecht zu y gelegte, bzw. spez. Druck in Richtung y auf eine senkrecht zu x gelegte Elementarfläche.

X, $Y =$ Komponenten der auf die Volumeneinheit wirkenden äußeren Kraft in der x- bzw. y-Richtung.

$\varrho =$ spez. Masse.

$K =$ Materialkonstante.

Die Gleichungen I und II drücken die am Element herrschenden Gleichgewichtsbedingungen der horizontalen bzw. vertikalen Kräfte

---

[1] Comptes Rendus 1870.

[2] Für Gebiete, in welchen keine relativen Verschiebungen in der Masse stattfinden, ist die linke Seite der Gl. IV $\leqq K^2$ zu setzen.

aus. Es können die rechten Seiten, welche die Massenbeschleunigungen enthalten, noch um die sogenannten Zähigkeitsglieder vermehrt werden, welche die Abhängigkeit der inneren Reibung von der Geschwindigkeit ausdrücken.

Die Gleichung III ist die hydrodynamische Kontinuitätsbedingung der Erhaltung des Volumens.

Die Gleichung IV stellt die später von Mohr weiter ausgebaute Fließbedingung der Festigkeitslehre dar, sie besagt, daß ein Fließen im Element dann auftritt, wenn die von den Normal- und Tangentialdrucken erzeugte größte Schubspannung eine für das Material konstante Größe K überschreitet.

Die Gleichung V drückt die plausible Annahme aus, daß die Normal- und Tangentialspannungen im selben Verhältnis stehen wie die zugehörigen durch sie hervorgerufenen Dehnungen bzw. Gleitungen am Element, oder daß im Element die Ebene größter Schubspannung auch die der größten Deformationsgeschwindigkeit ist.

Für den achsensymmetrischen Fall, bei welchem in jedem durch die Achse gelegten Meridianschnitt der gleiche Bewegungsvorgang herrscht, sind die St. Venantschen Gleichungen von Levy 1870 erweitert worden:

$$\text{I.} \quad \frac{\partial \sigma_r}{\partial r} + \frac{\partial \tau}{\partial z} + \frac{\sigma_r - \sigma_\omega}{r} = -\varrho\left(R_0 - \frac{\partial u}{\partial t} - u\frac{\partial u}{\partial r} - w\frac{\partial u}{\partial z}\right);$$

$$\text{II.} \quad \frac{\partial \tau}{\partial r} + \frac{\partial \sigma_z}{\partial z} + \frac{\tau}{r} = -\varrho\left(Z_0 - \frac{\partial w}{\partial t} - u\frac{\partial w}{\partial r} - w\frac{\partial w}{\partial z}\right);$$

$$\text{III.} \quad \frac{\partial u}{\partial r} + \frac{u}{r} + \frac{\partial w}{\partial z} = 0;$$

$$\text{IV.} \quad \tau^2 + \left(\frac{\sigma_r - \sigma_z}{2}\right)^2 = K^2;$$

$$\text{V, VI.} \quad \frac{\tau}{\dfrac{\partial w}{\partial r} + \dfrac{\partial u}{\partial z}} = \frac{\sigma_r - \sigma_z}{2\left(\dfrac{\partial u}{\partial r} - \dfrac{\partial w}{\partial z}\right)} = \frac{\sigma_r - \sigma_\omega}{2\left(\dfrac{\partial u}{\partial r} - \dfrac{u}{r}\right)};$$

$u; w$ = Radiale, bzw. axiale Komponente der Geschwindigkeit im Punkt (r, z).

$\sigma_r; \sigma_z; \sigma_\omega$ = Normalkomponenten des Drucks pro Flächeneinheit auf die 3 im Punkt (r, z) zueinander senkrechten Elementarflächen, senkrecht zum Radius, bzw. zur Achse, bzw. zum Umfang.

τ = Komponente des spez. Drucks im Punkt (r, z) in radialer Richtung auf eine zur Achse senkrechte Fläche oder die gleich große Komponente in axialer Richtung auf eine zum Radius senkrechte Fläche.

$R_0; Z_0$ = Komponenten der pro Volumeneinheit wirkenden äußeren Kraft in Richtung des Radius, bzw. der Achse.

ϱ = spez. Masse.

K = Materialkonstante.

2. Methode zu einer graphischen Integration der St. Venantschen Gleichungen.

Da eine geschlossene Integration der Plastizitätsgleichungen selbst im Fall des ebenen Problems nur mit erheblich vereinfachenden Annahmen möglich sein dürfte, so möge hier ein anderer Weg besprochen werden, wie man für bestimmte gegebene Fälle unter Umgehung der analytischen Behandlung zu einer Lösung kommen kann, und welcher für viele technologische Verformungsvorgänge wie Stauchen, Pressen, Walzen, Ziehen usw. anwendbar ist.

Es werde zunächst der ebene Strömungsvorgang betrachtet (vgl. S. 57). Nimmt man an, daß die Bewegung der Masse langsam erfolgt, was fast immer der Fall ist, so können die rechten Seiten der Gleichungen I und II gleich Null gesetzt werden, denn sie enthalten die Beschleunigungsglieder, eventuell noch ebenfalls von der Geschwindigkeit abhängige Zähigkeitsglieder. Die Gleichungen schreiben sich dann in der folgenden Form:

$$\text{I.}\ \ \frac{\partial \sigma x}{\partial x} + \frac{\partial \tau}{\partial y} = 0; \qquad \text{IV.}\ \ \tau^2 + \left(\frac{\sigma y - \sigma x}{2}\right)^2 = K^2;$$

$$\text{II.}\ \ \frac{\partial \tau}{\partial x} + \frac{\partial \sigma y}{\partial y} = 0;$$

$$\text{V.}\ \ \frac{\partial y - \sigma x}{2\tau} = \frac{\dfrac{\partial v}{\partial y} - \dfrac{\partial u}{\partial x}}{\dfrac{\partial v}{\partial x} + \dfrac{\partial u}{\partial y}}.$$

$$\text{III.}\ \ \frac{\partial u}{\partial x} + \frac{\partial v}{\partial y} = 0;$$

Nun liege das Strombild bereits gegeben vor, es sei dies experimentell ermittelt worden. Dann sind an jeder Stelle die Geschwindigkeitskomponenten u und v bekannt. Es stehen aber zur Berechnung der fünf Unbekannten: u, v, σx, σy, τ, fünf Gleichungen zur Verfügung; mit dem gegebenen Strömungsbild ist die Gleichung III, welche die Erhaltung des Volumens ausdrückt, automatisch erfüllt (vgl. S. 62ff.). Es verbleiben also vier Gleichungen zur Auffindung der drei Spannungskomponenten, das System ist mithin überbestimmt. Nun kann man an jeder Stelle x, y aus dem Strombild die Werte von u und v abgreifen[1] und die vier Kurvenscharen auftragen:

$$u = f(x);\ y = \text{konst} = 1, 2, 3\ \text{usw.} \quad v = f(x);\ y = \text{konst} = 1, 2, 3\ \text{usw.}$$

$$u = f(y);\ x = \text{konst} = 1, 2, 3\ \text{usw.} \quad v = f(y);\ x = \text{konst} = 1, 2, 3\ \text{usw.}$$

Durch graphische Differentiation dieser Kurven lassen sich die Kurvenscharen ermitteln:

$$\frac{\partial u}{\partial x} = f(x);\ y = \text{konst} = 1, 2, 3\ \text{usw.} \quad \frac{\partial v}{\partial x} = f(x);\ y = \text{konst} = 1, 2, 3\ \text{usw.}$$

$$\frac{\partial u}{\partial y} = f(y);\ x = \text{konst} = 1, 2, 3\ \text{usw.} \quad \frac{\partial v}{\partial y} = f(y);\ x = \text{konst} = 1, 2, 3\ \text{usw.}$$

Aus diesen Kurven können die einzelnen Glieder der rechten Seite der Gleichung V für jede Stelle x, y des Strömungsgebietes abgegriffen werden, und es kann der Wert der rechten Seite dieser Gleichung als Funktion von x und y in Kurven aufgetragen werden. Damit aber ist das Druckverhältnis $\dfrac{\sigma y - \sigma x}{2\tau}$ für jede Stelle x, y gegeben. Da die Fließgrenze des Materials (Konstante K)[2] bekannt ist, läßt sich nun

---

[1] Vgl. S. 13.
[2] Experimentell aus einem Stauchversuch zu ermitteln.

unter Hinzuziehung der Gleichung IV der Wert $(\sigma y - \sigma x)$ ferner τ bestimmen. Beide liegen für jede Stelle x, y in Kurvenscharen $\tau = f(x)$, $y = $ konst. usw. graphisch vor. Nun stehen noch die Gleichungen I und II zur Berechnung von σy und σx zur Verfügung. Aus $\tau = f(x)$; $y = $ konst. $= 1, 2, 3 \ldots$ und $\tau = f(y)$; $x = $ konst. $= 1, 2, 3$ usw. werden durch graphische Differentiation die beiden Kurvenscharen ermittelt:

$$\frac{\partial \tau}{\partial y} = f(y); \quad x = \text{konst} \quad \text{und} \quad \frac{\partial \tau}{\partial x} = f(x); \quad y = \text{konst} = 1, 2, 3 \text{ usw.}$$

Nach Gl. I bzw. II ist $\dfrac{\partial \tau}{\partial y} = - \dfrac{\partial \sigma x}{\partial x}$ und $\dfrac{\partial \tau}{\partial x} = - \dfrac{\partial \sigma y}{\partial y}$. Aus der Schar $\dfrac{\partial \tau}{\partial y} = f(y)$; $x = $ konst $= 1, 2, 3$ usw. wird nun für jede Stelle x, y der Wert $\dfrac{\partial \tau}{\partial y}$ abgegriffen und jetzt als Funktion von x aufgetragen, womit

$$- \frac{\partial \sigma x}{\partial x} = f(x); \quad y = \text{konst} = 1, 2, 3 \quad \text{erhalten wird.}$$

Analog wird aus $\dfrac{\partial \tau}{\partial x}$ der Wert $- \dfrac{\partial \sigma y}{\partial y}$ ermittelt. Die Kurvenscharen $- \dfrac{\partial \sigma x}{\partial x}$ und $- \dfrac{\partial \sigma y}{\partial y}$ können nur graphisch integriert werden, unter der Annahme von zunächst willkürlichen Grenzbedingungen für die Werte von σx und σy an der Umgrenzung der Masse. Es muß nun aber für jede Stelle x, y die Differenz $(\sigma y - \sigma x)$ gleich dem bereits oben gefundenen Wert dieser Größe sein. Es sind mithin die willkürlich anzunehmenden Drucke an den Umgrenzungen der Masse, welche ja erst die Integralkurven ihrem Absolutwert nach festlegen, so lange zu verändern[1], bis diese Forderung erfüllt ist, womit die Überbestimmtheit des Problems fällt, denn es ergeben sich ja so diejenigen unbekannten Drucke, welche an den Umgrenzungen der Masse wirkten und das gegebene Strömungsbild erzeugten. Auch für alle Punkte x, y im Inneren der Masse ergeben sich alsdann eindeutige Werte für σ_x u. σ_y, denn der Verlauf der Integralkurven folgte ja aus dem Verlauf der experimentell ermittelten Stromlinien, welche sich nach den in den Gleichungen ausgedrückten Gesetzen angeordnet hatten.

Ist nicht das Strombild von vornherein als gegeben anzusehen, sondern die Werte etwa für die Wandreibung, so kann man auf Grund eines als wahrscheinlich angenommenen Strombildes (vgl. S. 50) das ganze Verfahren durchführen und nach jeweiliger Änderung des Strömungsbildes so oft wiederholen, bis sich für σy und σx eindeutige Werte, und zwar für jede Stelle x, y in der Masse ergeben.

Mit sinngemäßer Änderung ist das skizzierte Verfahren auch auf die Gleichungen des achsensymmetrischen Falles anwendbar.

---

[1] Unter Beachtung des Umstands, daß in der Öffnung die Spannungen nicht größer als die Fließgrenze sein können, ferner, daß sich für den Kolbendruck der kleinste Wert ergibt, bei welchem gerade noch ein Fließen eintritt.

3. Aufstellung empirischer Formeln für den Ausfluß homogener plastischer Massen.

Die Versuche hatten ergeben, daß bei homogenem plastischen Material der Strömungsverlauf unabhängig von der Plastizität war. Ferner war die Anordnung der Stromlinien im Meridianschnitt des Blocks die gleiche im Fall der ebenen Parallelströmung und im Fall des Ausflusses aus zylindrischem Gefäß. Es soll im folgenden der experimentell gefundene Strömungsverlauf in empirischen Formeln festgelegt werden. — Es hat eine solche analytische Erfassung der Gesetzmäßigkeiten insofern eine Bedeutung: Die Versuche wurden mit verschiedenen Öffnungsdurchmessern ausgeführt, dabei wurden verschiedene Strombilder erhalten; der gefundene Ausdruck für die Stromfunktion hat für jedes beliebige Verhältnis Zylinderdurchmesser zu Öffnungsdurchmesser Gültigkeit. Man kann also nun mit Hilfe dieser aus einer Anzahl von Versuchen gewonnenen Gleichung die Strombilder für jede gewünschte Öffnung konstruieren, ohne daß gerade für dieselbe ein Versuch vorliegt.

Aus dem Strombild selbst ist der Bewegungsvorgang, wie er sich in der Masse abspielt, in allen Einzelheiten erkennbar, wie dies bereits in Teil I erläutert wurde: Die an jeder Stelle herrschende Richtung der Bewegung wird durch die Stromlinienrichtung angegeben, der Querschnitt zwischen je zwei Stromflächen an irgendeiner Stelle ist der dort herrschenden Geschwindigkeit umgekehrt proportional. Wenn nun die empirische Gleichung für die Stromfunktion

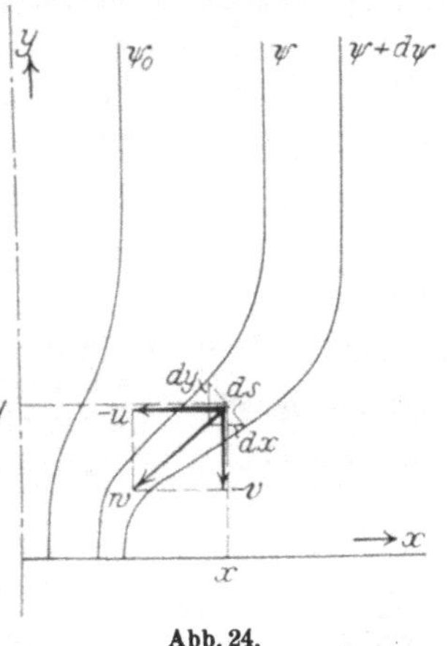

Abb. 24.

aufgestellt ist, so können wir, wie weiter unten auseinandergesetzt, jetzt auch die Geschwindigkeitskomponenten u, v analytisch ausdrücken, sowie durch Differentiieren die Änderung der Geschwindigkeitskomponenten von Punkt zu Punkt, d. h. die an jeder Stelle herrschenden Deformationen berechnen. Es sind mit einem Wort in dieser „Stromfunktion" die Grundzüge der beim Ausfluß plastischer Massen in Erscheinung tretenden Gesetzmäßigkeiten festgelegt, soweit es sich um die rein kinematische Seite des Problems handelt.

Es mögen zunächst einige Grundzüge der hydrodynamischen Strömungstheorie, soweit sie für das Nachfolgende in Frage kommen, in kurzen Zügen angeführt werden. Die Abb. 24 stellt einen Schnitt durch ein Strömungsgebiet dar. Das Strombild sei dasselbe in jedem senkrecht zur Zylinderachse (parallel zur Bildebene) gelegten Schnitt. Es handelt sich somit um das ebene Problem der Parallelströmung. An einem Punkt x, y herrsche die Geschwindigkeit u in der x-Richtung, v in der y-Richtung. Zwischen der Grenze des Strömungsgebiets (Stromlinie ψ_0) und der Stromlinie mit dem Index (ψ) fließe in der Zeiteinheit das Flüssigkeitsvolumen ψ. Geht man von der Stromlinie (ψ) zur unendlich benachbarten $\psi + d\psi$ über, so erfährt das zwischen ersterer und der Flüssigkeitsgrenze strömende Volumen einen Zuwachs $d\psi$. Es ist also $d\psi$ das zwischen zwei sehr nahe beieinander liegenden Stromlinien in der Zeiteinheit fließende Volumen. An der Stelle x, y herrsche die Geschwindigkeit w in Richtung der Stromlinien. Das durch den Querschnitt von der Breite ds und der $= 1$ gesetzten Tiefe (in Richtung z senkrecht zur Bildebene) pro Zeiteinheit strömende Volumen ist $= w \cdot ds \cdot 1 = d\psi$; w hat die Komponenten u, v; ds die Komponenten dx, dy. Das Volumen $d\psi$ zerlegt sich also in die beiden Teile $u \cdot dy$ und $-v \cdot dx$. Es ist dabei die Geschwindigkeit u positiv in Richtung wachsender x; v positiv in Richtung wachsender y; dx, dy positiv in Richtung wachsender x, y. Es ist also $d\psi = u\,dy - v\,dx$; andererseits aber ist nun $d\psi$ ein vollständiges Differential, also

$$d\psi = \frac{\partial \psi}{\partial x}\,dx + \frac{\partial \psi}{\partial y}\,dy.$$

Die Kontinuitätsbedingung der Hydrodynamik besagt, daß

$$\frac{\partial u}{\partial x} + \frac{\partial v}{\partial y} = 0$$

sein muß; das aber stimmt mit obigem nur, wenn u, v die partiellen Ableitungen ein und derselben Funktion sind, der sog. „Stromfunktion“; derart also, daß

$$u = \frac{\partial \psi}{\partial y}\;; \quad v = -\,\frac{\partial \psi}{\partial x}\,.$$

Die Richtigkeit dieser Beziehungen sieht man auch sofort unmittelbar aus der Anschauung ein. $\frac{\partial \psi}{\partial y}$ bedeutet ja weiter nichts als die Zunahme von ψ pro Einheit von y. Wenn man also um die Einheit in der y-Richtung fortschreitet, hat das zwischen der Achse und dem Punkt x, y fließende Volumen ψ mithin um $\frac{\partial \psi}{\partial y}$ zugenommen. Es ist nun Volumen $=$ Querschnitt $\times$ Geschwindigkeit oder Geschwindigkeit $= \dfrac{\text{Volumen}}{\text{Querschnitt}}$. Der Querschnitt hat (wenn die Tiefe der Strömung in Richtung z überall $= 1$) um die Einheit von y, also um 1, zugenommen. Die senkrecht zu diesem Querschnitt stehende Geschwindigkeit ist $= u$; mithin $u = \dfrac{\partial \psi}{\partial y}$.   Analoges gilt für v.

Man findet demnach die **Geschwindigkeitskomponenten** u und v als **partielle Ableitungen** der sog. **Stromfunktion** (ψ). Ist der analytische Ausdruck derselben in x und y bekannt, so lassen sich die Geschwindigkeiten u und v daraus durch partielle Ableitung finden. Jeder Kurve der Stromlinien-Kurvenschar kommt ein bestimmter Parameterwert ψ zu. Nun war oben

$$d\psi = u \cdot dy - v \cdot dx; \quad \psi = f(x, y)\,.$$

Verringert man den Abstand zweier unendlich naher Stromlinien mehr und mehr, bis sie zu einer einzigen zusammenfallen, so wird das Volumen $d\psi = 0$; es stellt $0 = u\,dy - v \cdot dx$ die Differentialgleichung der Stromlinie dar. Liegt nun die Gleichung der Stromlinien in Form von x, y vor, so erhält man für jeden Wert des Parameters ψ eine andere Stromlinie. Gibt man ψ der Reihe nach die Werte 1, 2, 3 usw., so erhält man eine Stromlinienschar derart, daß zwischen je 2 benachbarten Linien dasselbe, und zwar der Einheit gleiche, Volumen fließt. Die Stromfunktion ψ stellt sonach mathematisch den **Parameter der Kurvenschar** dar.

Das Stromlinienbild liegt experimentell gefunden vor (s. Teil I). Aus diesem galt es jetzt einen **analytischen Ausdruck** ψ zu entwickeln, so daß man durch partielle Differentiation des letzteren die Werte der an jeder Stelle im Zylinder herrschenden Geschwindigkeitskomponenten u und v erhält. Es war mithin die Gleichung einer Kurvenschar zu ermitteln, welche dem gefundenen Stromlinienbild möglichst genau übereinstimmte.

Die Gleichung erlangte nach sukzessiven Änderungen schließlich die Form:

$$x = \psi - \frac{\left(1 - \dfrac{R}{r}\right)\psi}{1 + \dfrac{y^2}{1{,}3\,r\,(R - \psi)}} \qquad\qquad \text{hierin } R = \text{Zylinderdurchmesser,} \atop r = \text{Öffnungsdurchmesser.}$$

Bei der ebenen Parallelströmung tritt für R der Wert $B/2$ = halbe Gefäßbreite und für r der Wert $b/2$ = halbe Spaltbreite; das Kurvenbild bleibt dasselbe (s. S. 55).

Aus dieser Gleichung erhält man für bestimmte Werte von R und r (bzw. B und b) eine bestimmte Kurvenschar, und zwar für jeden Wert des Parameters ψ (zwischen O und R) eine bestimmte Stromlinie in X und y. Die Grenzstromlinie für $\psi = R$ hat die Form der Gefäßwand; für $\psi = O$ ergibt sich die Mittellinie des Gefäßes (y-Achse) als Stromlinie.

Es werde zunächst die ebene Parallelströmung betrachtet. Wie oben erläutert, ist hierbei $u = \dfrac{\partial\psi}{\partial y}$; $v = -\dfrac{\partial\psi}{\partial x}$.

Die Gleichung der Stromlinienschar liefert nach ψ aufgelöst:

$$\left(\begin{matrix} \text{für } r \text{ hier } \dfrac{b}{2} \\[2mm] \text{für } R \text{ hier } \dfrac{B}{2} \end{matrix}\right).$$

$$\psi = \frac{\dfrac{B\,y^2}{0{,}65\,b^2} + \dfrac{B}{2} + x\,\dfrac{B}{b}}{2} \; (\mp) \; \sqrt{\left(\frac{\dfrac{B\,y^2}{0{,}65\,b^2} + \dfrac{B}{2} + x\,\dfrac{B}{b}}{2}\right)^2 - \frac{x\,y^2\,B}{0{,}65\,b^2} - \frac{x\,B^2}{2\,b}}$$

daraus berechnen sich:

$$u = \frac{\partial\psi}{\partial y} = \frac{y\cdot B}{0{,}65\,b^2} - \frac{y\,\dfrac{B}{0{,}65\,b^2}\left(\dfrac{y^2\,B}{0{,}65\,b^2} + \dfrac{B}{2} + x\,\dfrac{B}{b} - 2\,x\right)}{2\,\sqrt{\left(\dfrac{\dfrac{B\,y^2}{0{,}65\,b^2} + \dfrac{B}{2} + \dfrac{x\,B}{b}}{2}\right)^2 - \dfrac{x\,y^2\,B}{0{,}65\,b^2} - \dfrac{x\,B^2}{2\,b}}},$$

$$v = -\frac{\partial\psi}{\partial x} = -\frac{B}{2\,b} + \frac{\dfrac{B^2}{2\,b^2}\left(\dfrac{y^2}{0{,}65\,b} + x - \dfrac{b}{2} - \dfrac{y^2\cdot 2}{0{,}65\,B}\right)}{2\,\sqrt{\left(\dfrac{\dfrac{B\,y^2}{0{,}65\,b^2} + \dfrac{B}{2} + x\,\dfrac{B}{b}}{2}\right)^2 - \dfrac{x\,y^2\,B}{0{,}65\,b^2} - \dfrac{x\,B^2}{2\,b}}}.$$

Wie durch numerische Rechnung leicht zu sehen ist, ist das negative Vorzeichen der Wurzel im Ausdruck von ψ zu verwenden für den positiven Quadranten von x, y, welcher Kurvenast ja allein für das Strombild Anwendung hat. Aus den obigen Gleichungen läßt sich nun die an jedem Punkt x, y innerhalb des Gefäßes herrschende Geschwindigkeit berechnen, wenn man die Werte von x und y einsetzt. Dabei sind u, v als Verhältniszahlen anzusehen, um wieviel nämlich die an der Stelle x, y herrschende Geschwindigkeit größer oder kleiner als die = 1 gesetzte Geschwindigkeit des Kolbens ist.

Außer den Geschwindigkeitskomponenten u, v kann man noch die anderen partiellen Ableitungen aus der Stromfunktion bilden, die ebenfalls eine geometrische Bedeutung haben. So bedeutet z. B. $\dfrac{\partial_2 \psi}{\partial y \, \partial x}$ $= \dfrac{\partial u}{\partial x}$ die Zunahme der Horizontalgeschwindigkeit u, wenn man um die Einheit in der x-Richtung weitergeht, d. h. die Beschleunigung (an der Stelle x, y). Es ist dies identisch mit der spezifischen Dehnung ε_x eines Volumenelementes mit der Kantenlänge 1. Ebenso ist $- \dfrac{\partial_2 \psi}{\partial x \, \partial y}$ $= \dfrac{\partial v}{\partial y} = - \varepsilon y$. Beide Werte müssen einander gleich mit umgekehrten Vorzeichen sein, da ja der Streckung eines Elementes in der einen Richtung eine ebensogroße Verkürzung in der anderen entsprechen muß, wenn das Volumen (bei der ebenen Parallelströmung die Fläche in der x-, y-Ebene) gleichbleiben soll. Es bedeuten ferner analog $\dfrac{\partial u}{\partial y}$ und $\dfrac{\partial v}{\partial x}$ die relative Verschiebung der Kanten eines Elementes von der Kantenlänge 1, d. h. die tangentiale Gleitung. Man könnte aus diesem und den obigen Werten die Deformation verfolgen, die ein Volumenelement an der Stelle x, y erleidet.

Es mögen jetzt aus der empirischen Gleichung des Strombildes die **Ausdrücke der Geschwindigkeitskomponenten für den Ausfluß aus einem Zylindergefäß** durch eine konzentrische Öffnung abgeleitet werden (rotationssymmetrischer Fall). Es gelingt dieses bereits leicht aus der Anschauung, wenn man sich die geometrischen Verhältnisse vergegenwärtigt:

Bei der ebenen Parallelströmung war der Durchflußquerschnitt einer Stromröhre mit dem jeweiligen Abstand der Stromlinien identisch, so daß sich die Geschwindigkeitskomponenten u, v als partielle Ableitungen $\dfrac{\partial \psi}{\partial y}$ bzw. $- \dfrac{\partial \psi}{\partial x}$ ergaben. Beim zylindrischen Gefäß sind nun die Stromlinien Meridianschnitte entsprechender Rotationsflächen. Es seien die Stromlinien wiederum so gezeichnet, daß ihr Abstand unter dem Kolben, wo sie zueinander parallel verlaufen, gleich groß ist. Die Geschwindigkeit, die an jeder Stelle im Zylinder herrscht, ist wieder umgekehrt proportional dem Querschnitt einer (jetzt ringförmigen) Stromröhre. Der Kolben habe die Geschwindigkeit 1; im oberen Teil des Zylinders sei der Abstand zweier benachbarter Stromlinien $= a_0 = 1$; der Querschnitt einer im Abstand r_0 von der Achse gelegenen Stromröhre ist·dann $f_0 = 2 \pi r_0 a_0$. An irgendeiner anderen Stelle x, y, sei der Abstand dieser selbigen Stromlinien $= a$; die Entfernung dieser Stelle von der Achse sei $= r$; mithin ist der Querschnitt der Stromröhre dort $f = 2 \pi r_0 a$. Die Geschwindigkeit ist den Querschnitten umgekehrt proportional, also result. Geschwindigkeit w an der Stelle x, y,

$$w = \frac{f_0}{f} = \frac{2 \pi r_0 a_0}{2 \pi r a} = \frac{r_0}{r} \cdot \frac{1}{a} \qquad \text{(vgl. S. 13 und Abb. 5).}$$

Um die Horizontalkomponente u zu erhalten, müssen wir hierin statt des (senkrecht zu den Stromlinien gemessenen) Abstands a deren

Vertikalabstand an der Stelle x, y einsetzen. Es ist nun diese $= \dfrac{\partial y}{\partial \psi}$ (d. h. gleich der Änderung von y, wenn man in Richtung y um die Einheit von ψ weiterschreitet, d. h. bis zur nächsten Stromlinie). Im oberen Teil des Zylinders, wo die Stromlinien parallel zueinander verlaufen, ist ferner r_0 identisch mit dem Parameter ψ der betreffenden Stromlinie; r ist identisch mit x; a ist $= 1$, da die Stromlinien mit dem Parameterunterschied 1 gezeichnet sind. Wir erhalten also mithin für die Horizontalkomponente den Wert $u = \dfrac{\psi}{x} \cdot \dfrac{\partial \psi}{\partial y}$.

Ganz analog ergibt sich die Vertikalkomponente der Geschwindigkeit $v = - \dfrac{\psi}{x} \cdot \dfrac{\partial \psi}{\partial x}$ Für ψ gilt, wie gesagt, derselbe Ausdruck wie bei der ebenen Parallelströmung, weil sowohl bei dieser, als auch beim rotationssymmetrischen Fall der Verlauf der Stromlinien derselbe war. Es hätte anderenfalls ein neuer analytischer Ausdruck ψr (rotationssymmetrischer Fall) gesucht werden müssen.

Demnach gilt für das ebene Problem des Ausflusses:

$$u = \frac{\partial \psi}{\partial y}; \quad v = - \frac{\partial \psi}{\partial x}$$

und für das rotationssymmetrische Problem (Ausfluß aus zylinderischem Gefäß durch eine konzentrische Öffnung)

$$u = \frac{\partial \psi}{\partial y} \cdot \frac{\psi}{x}; \quad v = - \frac{\partial \psi}{\partial x} \cdot \frac{\psi}{x};$$

wobei

$$\psi = \frac{\dfrac{B y^2}{0{,}65\, b^2} + \dfrac{B}{2} + x\,\dfrac{B}{b}}{2} - \sqrt{\left(\frac{\dfrac{B y^2}{0{,}65\, b^2} + \dfrac{B}{2} + x\,\dfrac{B}{b}}{2}\right)^2 - \frac{x y^2 B}{0{,}65\, b^2} - \frac{x B^2}{2 b}}.$$

$B =$ Breite des rechteckigen Gefäßes bzw. Durchmesser des zylindrischen Gefäßes;

$b =$ Breite des Ausflußspalts bei rechteckigem Gefäß bzw. Durchmesser der zum Zylinder konzentrischen Bodenöffnung.

Die Gleichung beschränkt sich auf den im Innern des Gefäßes liegenden Teil der Strömung; außerhalb der Öffnung bleiben die Geschwindigkeiten sämtlicher Teilchen gleich, und zwar gleich der im Verhältnis Zylinderdurchmesser gleich Öffnungsdurchmesser vergrößerten Kolbengeschwindigkeit.

Die Übereinstimmung der aus den obigen Ausdrücken für u und v errechneten Werte für die an irgendwelchen Stellen x, y des Zylinders herrschenden Geschwindigkeiten ist um so größer, je besser es gelang, die analytische Kurvenschar, aus welcher ja diese Ausdrücke gewonnen wurden, mit dem experimentellen Stromlinienbild zur Deckung zu bringen. Denn die oben berechneten Werte für u, v sind ja weiter nichts als Maße für die Verengung des zwischen zwei Stromflächen befindlichen Raumes. Die ganze Ableitung bedeutet ja lediglich die analytische Fassung des Stromlinienbildes, es ist dieses gewissermaßen in ein mathematisches Gewand gekleidet worden, und hat den Zweck, daß man (für homogene plastische Massen) für beliebige Werte von Gefäß- und Öffnungsdurchmesser das Strömungsbild auftragen kann, ferner daß man die Geschwindigkeitsgrößen sowie deren Ableitungen an jeder Stelle x, y berechnen kann und mit Hilfe dieser Werte auch eine näherungsweise Integration der allgemeinen Gleichungen (S. 57) versuchen kann.

Gültigkeit der Formeln: Die Ausdrücke gelten, wie früher bemerkt, so lange als der Strömungsvorgang als stationär anzusehen ist. Es ist dies der Fall (s. Teil I bzw. II), bis der Kolben in unmittelbare Nähe der Matrize gelangt ist. Ferner gelten die Formeln nur für den Ausfluß homogener plastischer Materialien. Für den Ausfluß warmer Metalle ist in den Ausdrücken an Stelle der Konstanten 0,65 der Wert 3—5 zu setzen. Der Wert schwankt je nach den Abkühlungsverhältnissen und reguliert die Krümmung der Strombahnen in den Zylinderecken (vgl. S. 50). Die auf S. 39 beschriebene Wanderung der Oxydaußenhaut des Blocks wird durch die Formeln jedoch nicht wiedergegeben.

Benutzte Literatur.

Vorwiegend experimentelle Arbeiten.

Doerinckel und Trockels: Fließvorgänge im Messingblock beim Stangenpressen. Z. Metallkunde 1921, S. 466.

Genders: The extrusion effect by the inverted process. (Umgekehrtes Preßverfahren.) Engg. 1921, S. 487; 1924, S. 387. Auszüge in Z. Metallkunde 1922, S. 34; 1924, S. 404.

Obermeyer: Der Ausfluß des Tones. Sitzungsber. d. Kaiserl. Akad. d. Wiss. II. Wien 1868.

Rummel: Über die Grundlagen zur Erforschung der Formänderung bildsamer Körper. Stahleisen 1919, S. 237.

Schweißguth: Der Vorgang des Fließens im gepreßten Messingblock beim hydraulischen Spritzen von Stangen. Z. V. d. I. 1918, S. 281. Schmieden und Pressen. Berlin: Julius Springer 1923.

Tresca: L'écoulement des corps solides. (Der Ausfluß fester Körper.) Comptes Rendus des Séances de l'académie française I. 1867.

Allgemeinere theoretische Arbeiten.

Hencky: Über langsame stationäre Strömungen in plastischen Körpern usw. Z. ang. Math. Mech. 1925, S. 115.

Karman, v.: Physische Grundlagen der Festigkeitslehre. Enc. d. math. Wiss. Bd. IV; II; II, 4. 1914.

Lamb: Hydrodynamik. Deutsch von Friedel. Oldenbourg 1907.

Lorenz: Technische Hydromechanik. Oldenbourg 1910.

Mises, v.: Mechanik der festen Körper im plastisch deformablen Zustand. Gött. Nachr. math. phys. Kl. 1913.

St. Venant: Diverse Aufsätze über „Plasticodynamique" usw. Comptes Rendus des Séances de l'académie française. 1868—1872.

Unckel, Fließbewegung.

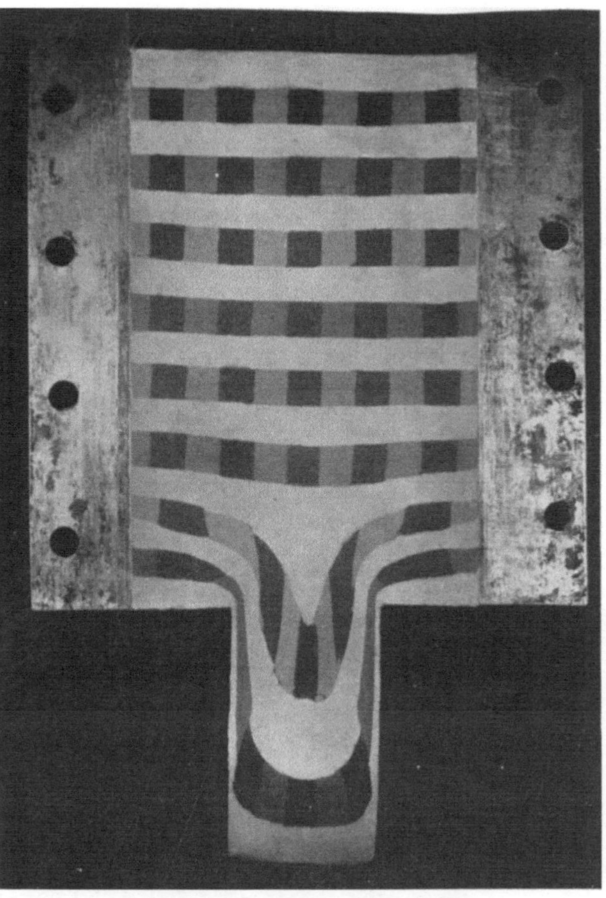

Abb. 25. Wachsmasse. Öffnung: 65 mm ⌀.
Preßstufe 1.

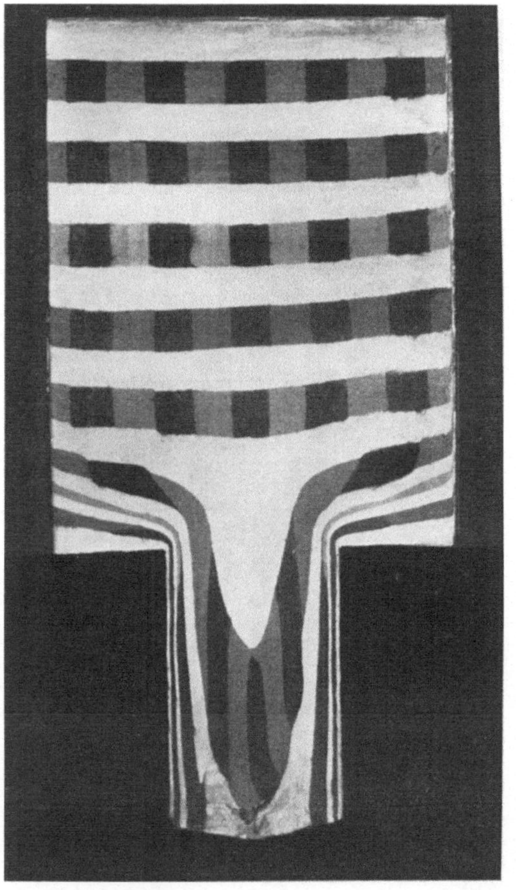

Abb. 26. Wachsmasse. Öffnung: 65 mm ⌀.
Preßstufe 3.

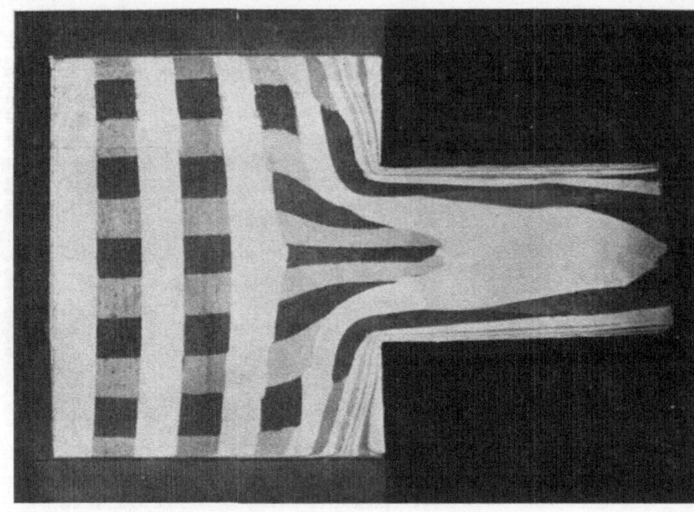

Abb. 28. Wachsmasse. Öffnung: 65 mm Ø. Preßstufe 7.

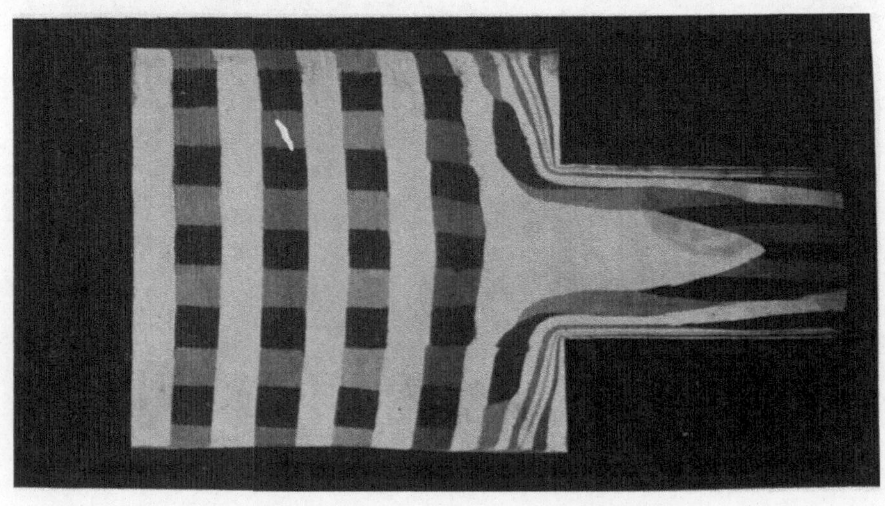

Abb. 27. Wachsmasse. Öffnung: 65 mm Ø. Preßstufe 5.

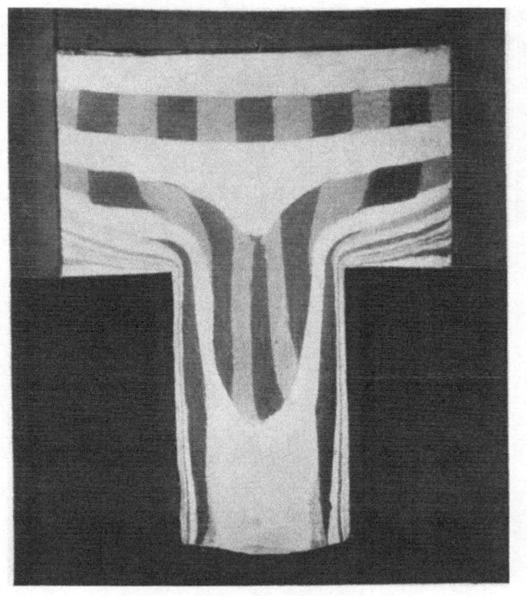

Abb. 29. Wachsmasse. Öffnung: 65 mm ⌀.
Preßstufe 9.

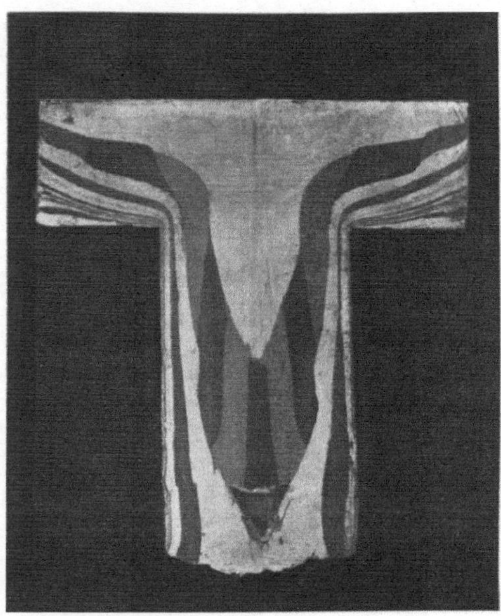

Abb. 30. Wachsmasse. Öffnung: 65 mm ⌀.
Preßstufe 11.

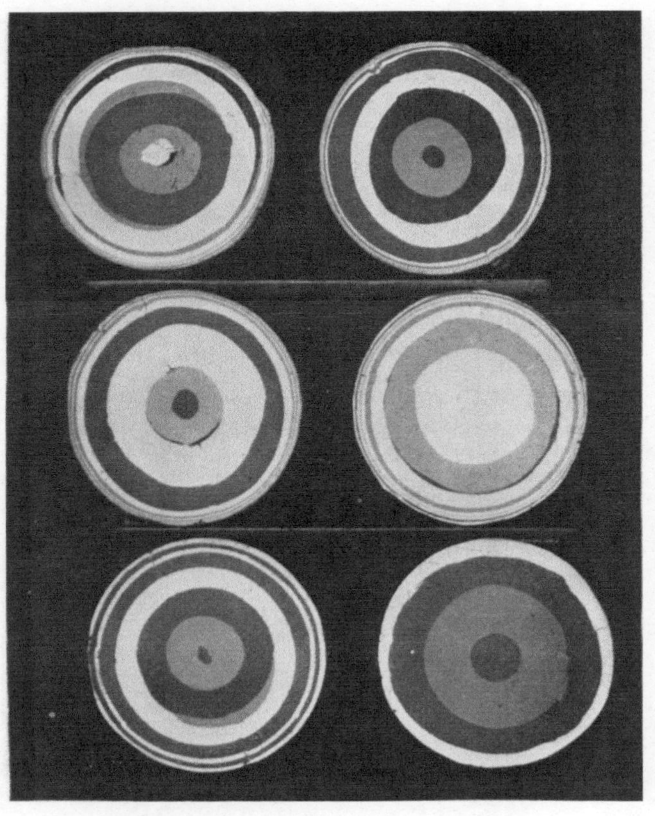

Abb. 31. Querschnitte durch die Stange.

Abb. 32. Wachsmasse. Öffnung: 12 mm Ø.
Preßstufe 2.

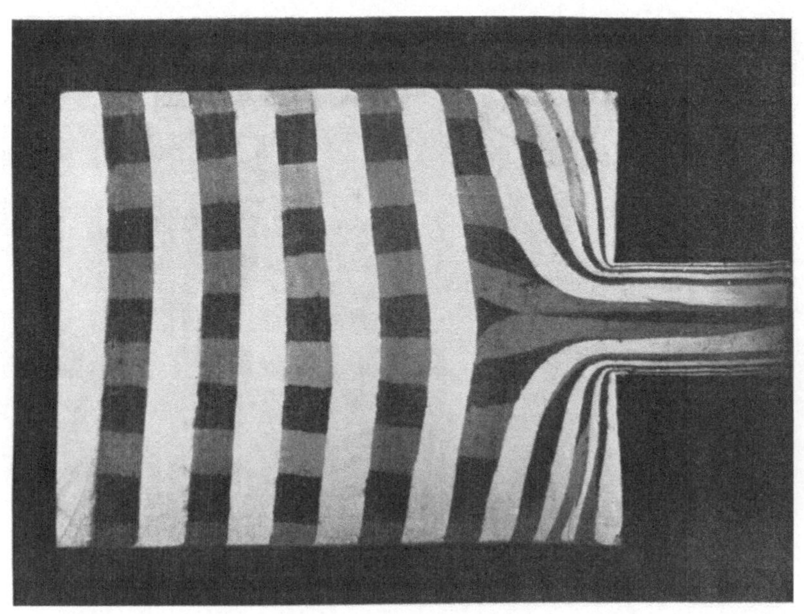

Abb. 34. Wachsmasse. Öffnung: 36 mm ⌀.
Preßstufe 3.

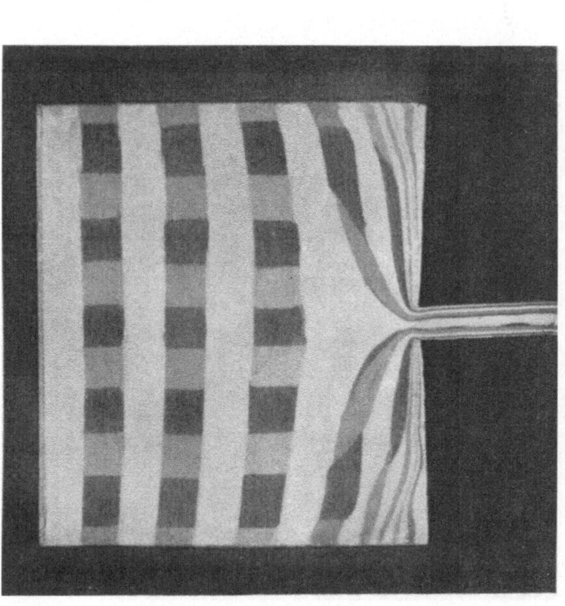

Abb. 33. Wachsmasse. Öffnung: 12 mm ⌀.
Preßstufe 6.

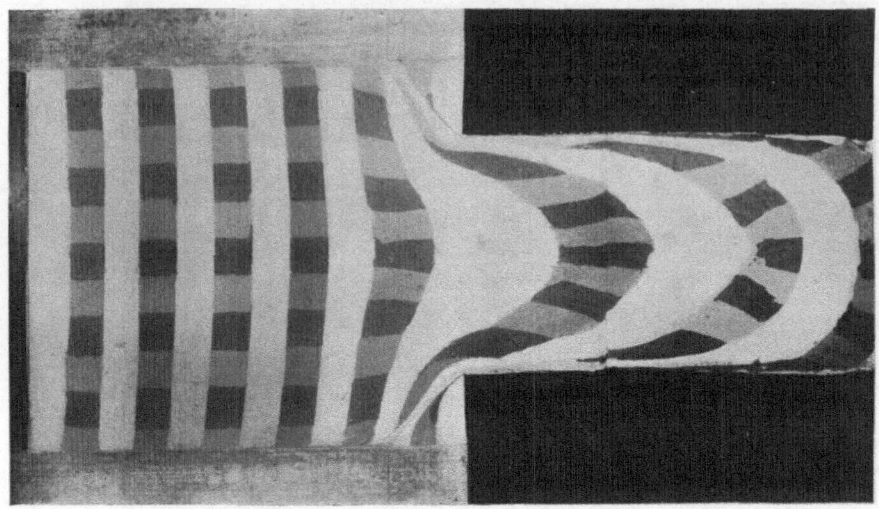

Abb. 36. Wachsmasse. Öffnung: 95 mm Ø.
Preßstufe 3.

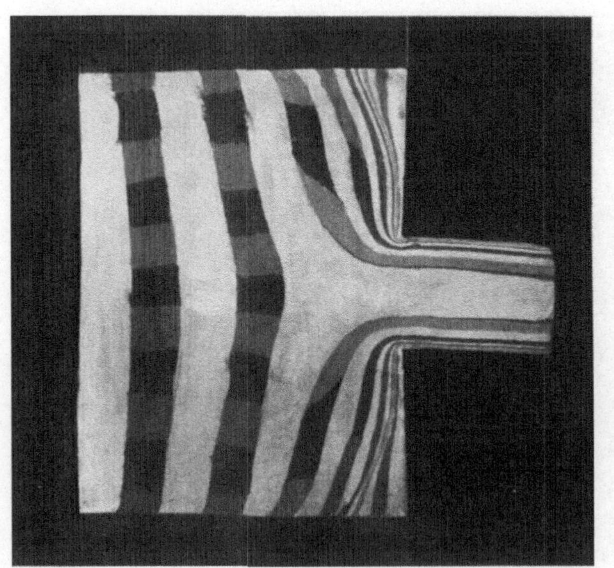

Abb. 35. Wachsmasse. Öffnung: 36 mm Ø.
Preßstufe 7.

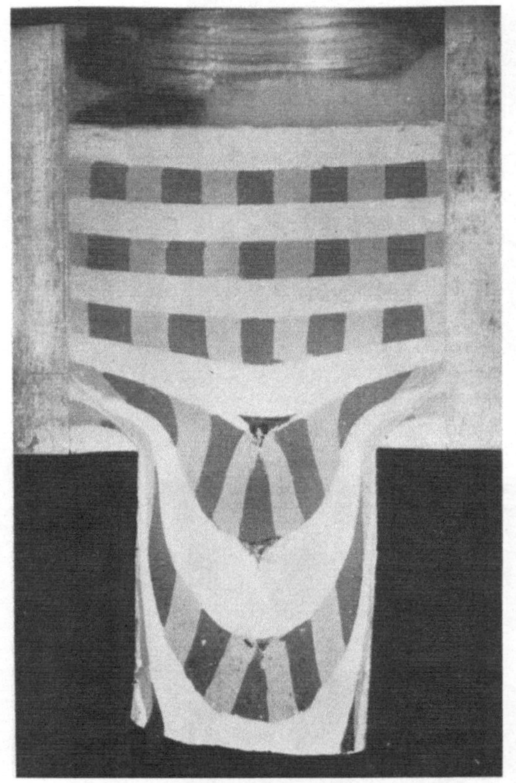

Abb. 37. Wachsmasse. Öffnung: 95 mm ⌀.
Preßstufe 5.

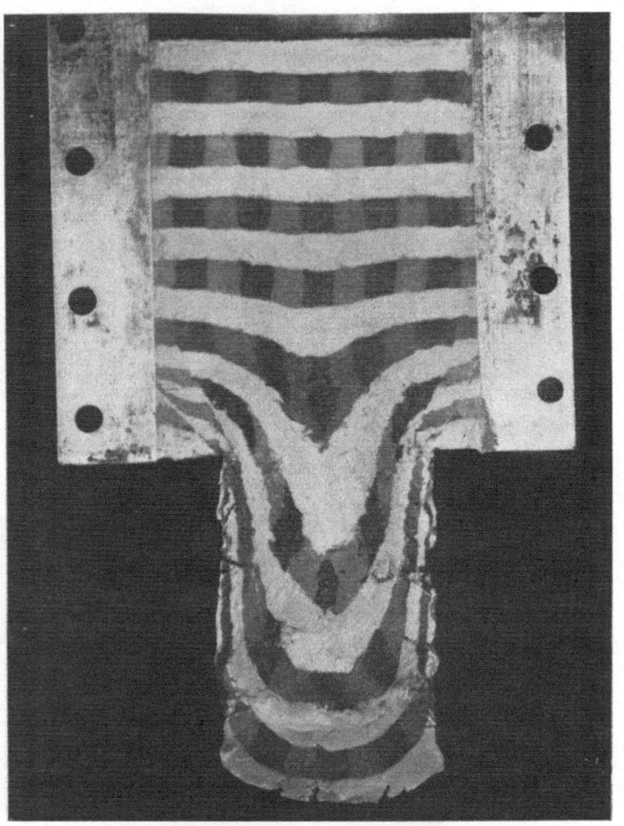

Abb. 38. Öltonmasse. Öffnung: 95 mm ⌀.
Preßstufe 3.

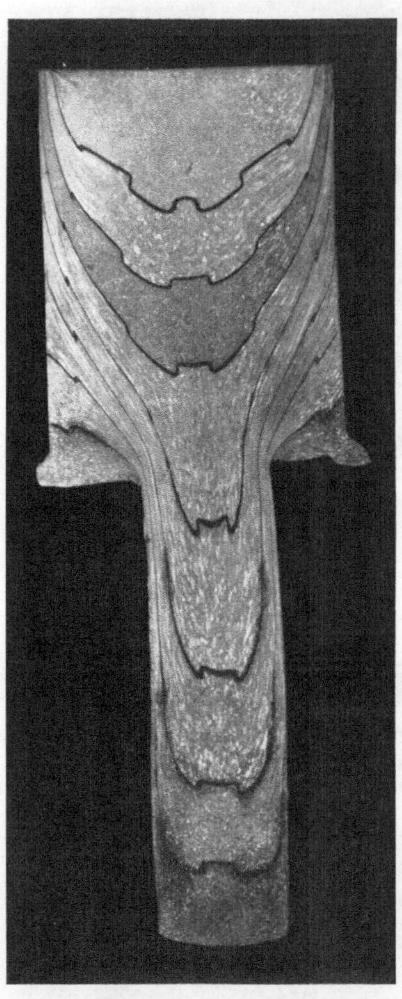

Abb. 39. Aluminium. Öffnung: 50 mm ⌀.
Preßstufe 1.
(Zyl. ⌀ 110 mm. Preßtemp. 420°.)

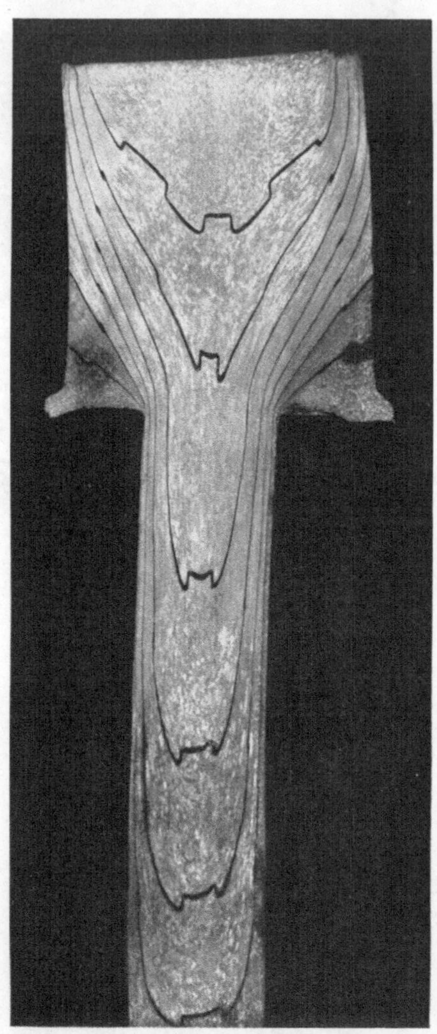

Abb. 40. Aluminium. Öffnung: 50 mm ⌀.
Preßstufe 2.
(Zyl. ⌀ 110 mm. Preßtemp. 420°.)

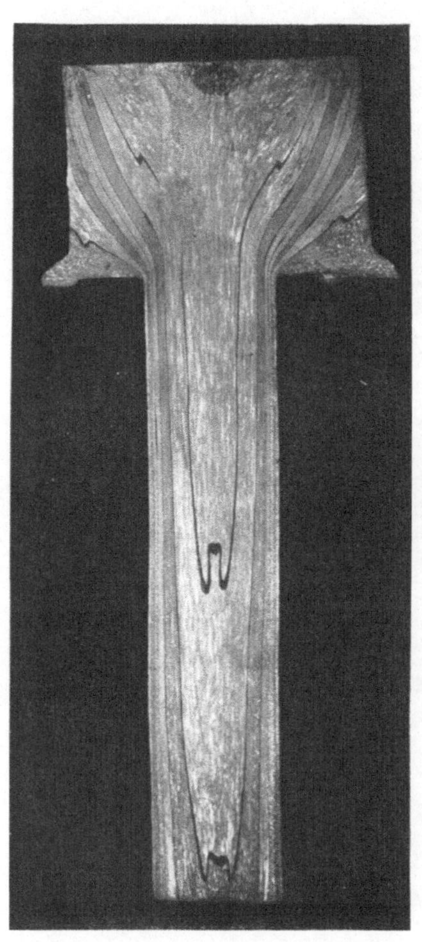

Abb. 41. Aluminium. Öffnung : 50 mm ⌀.
Preßstufe 3.
(Zyl. ⌀ 110 mm. Preßtemp. 420°.)

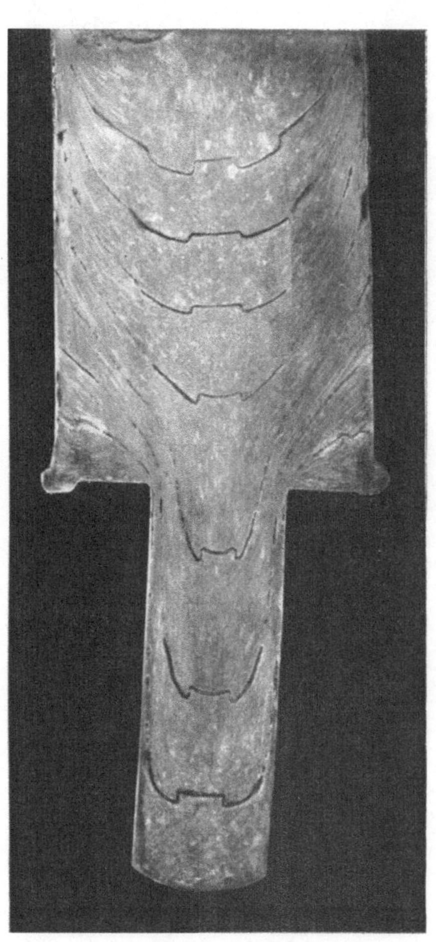

Abb. 42. Messing. Öffnung : 50 mm ⌀.
Preßstufe 1.
(Zyl. ⌀ 110 mm. Preßtemp. 650°.)

Abb. 43. Messing. Öffnung: 50 mm ⌀.
Preßstufe 3.
(Zyl. ⌀ 110 mm. Preßtemp. 650°.)

Abb. 44. Messing. Öffnung: 30 mm ⌀.
Preßstufe 1.
(Zyl. ⌀ 110 mm. Preßtemp. 650°.)

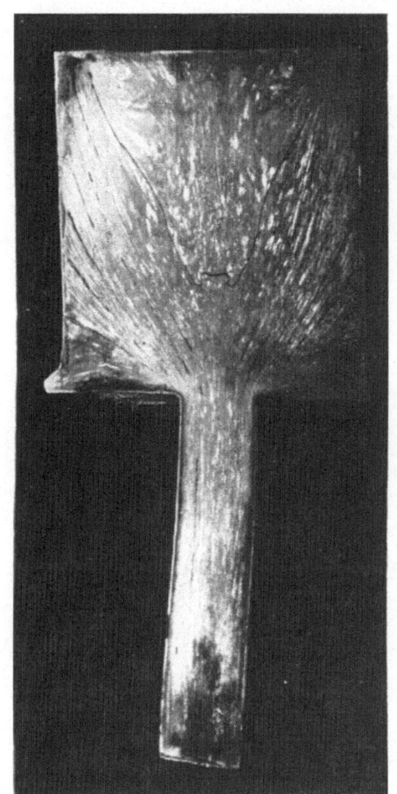

Abb. 45. Messing. Öffnung : 30 mm $\oslash$.
– Preßstufe 2.
(Zyl. $\oslash$ 110 mm. Preßtemp. 650°.)

Brearley-Schäfer, Die Einsatzhärtung von Eisen und Stahl. Berechtigte deutsche Bearbeitung der Schrift „The Case Hardening of Steel" von **Harry Brearley,** Sheffield. Von Dr.-Ing. **Rudolf Schäfer.** Mit 124 Textabbildungen. VIII, 250 Seiten. 1926.   Gebunden RM 19.50

Die Werkzeugstähle und ihre Wärmebehandlung. Berechtigte deutsche Bearbeitung der Schrift „The heat treatment of tool steel" von **Harry Brearley,** Sheffield. Von Dr.-Ing. **Rudolf Schäfer.** Dritte, verbesserte Auflage. Mit 226 Textabbildungen. X, 324 Seiten. 1922.
Gebunden RM 12.—

Die Konstruktionsstähle und ihre Wärmebehandlung. Von Dr.-Ing. **Rudolf Schäfer.** Mit 205 Textabbildungen und einer Tafel. VIII, 370 Seiten. 1923.   Gebunden RM 15.—

Blöcke und Kokillen. Von **A. W.** und **H. Brearley.** Deutsche Bearbeitung von Dr.-Ing. **F. Rapatz.** Mit 64 Abbildungen. IV, 142 Seiten. 1926.   Gebunden RM 13.50

Schmieden und Pressen. Von **P. H. Schweißguth,** Direktor der Teplitzer Eisenwerke. Mit 236 Textabbildungen. IV, 110 Seiten. 1923.
RM 4.—

Die Herstellung des Tempergusses und die Theorie des Glühfrischens nebst Abriß über die Anlage von Tempergießereien. Handbuch für den Praktiker und Studierenden. Von Dr.-Ing. **Engelbert Leber.** Mit 213 Abbildungen im Text und auf 13 Tafeln. VIII, 312 Seiten. 1919.   Gebunden RM 18.—

Gesunder Guß. Eine Anleitung für Konstrukteure und Gießer, Fehlguß zu verhindern. Von Prof. Dr. techn. **Erdmann Kothny.** Mit 125 Figuren im Text und 14 Tabellen. 70 Seiten. 1927. (Heft 30 der „Werkstattbücher".)   RM 1.80

Stahl- und Temperguß. Ihre Herstellung, Zusammensetzung, Eigenschaften und Verwendung. Von Prof. Dr. techn. **Erdmann Kothny.** Mit 55 Figuren im Text und 23 Tabellen. 68 Seiten. 1926. (Heft 24 der „Werkstattbücher".)   RM 1.80

Handbuch der Eisen- und Stahlgießerei. Unter Mitarbeit von zahlreichen Fachleuten herausgegeben von Prof. Dr.-Ing. **C. Geiger,** Eßlingen. Zweite, erweiterte Auflage.

Erster Band: **Grundlagen.** Mit 278 Abbildungen im Text und auf 11 Tafeln. X, 661 Seiten. 1925.   Gebunden RM 49.50

Zweiter Band: **Formen und Gießen.** Von Ing. **Carl Irresberger,** Gießereidirektor a. D. Mit 1702 Abbildungen im Text. X, 584 Seiten. 1927.   Gebunden RM 57.—

Dritter Band: **Schmelzen, Nebenbetrieb und Nacharbeiten.** Von Prof. Dr.-Ing. **C. Geiger,** Eßlingen.   Erscheint im Frühjahr 1928

Moderne Metallkunde in Theorie und Praxis. Von Ober-Ing.
J. Czochralski. Mit 298 Textabbildungen. XIII, 292 Seiten. 1924.
Gebunden RM 12.—

Lagermetalle und ihre technologische Bewertung. Ein Hand-
und Hilfsbuch für den Betriebs-, Konstruktions- und Materialprüfungs-
ingenieur von Ober.-Ing. **J. Czochralski** und Dr.-Ing. **G. Welter.** Z w e i t e,
verbesserte Auflage. Mit 135 Textabbildungen. VI, 117 Seiten. 1924.
Gebunden RM 4.50

**Die natürliche und künstliche Alterung des gehärteten
Stahles.** Physikalische und metallographische Untersuchungen von
Dr.-Ing. **Andreas Weber**, München. Mit 105 Abbildungen im Text und
auf 12 Tafeln. IV, 78 Seiten. 1926. RM 7.50; gebunden RM 9.—

Das technische Eisen. Konstitution und Eigenschaften. Von Prof
Dr.-Ing. **Paul Oberhoffer**, Aachen. Z w e i t e, verbesserte und vermehrte
Auflage. Mit 610 Abbildungen im Text und 20 Tabellen. X, 598 Seiten.
1925. Gebunden RM 31.50

Das Gußeisen. Seine Herstellung, Zusammensetzung, Eigenschaften und
Verwendung. Von **Joh. Mehrtens.** Mit 15 Textfiguren. 66 Seiten. 1925.
(Heft 19 der „Werkstattbücher".) RM 1.80

Hilfsbuch für Metalltechniker. Einführung in die neuzeitliche
Metall- und Legierungskunde, erprobte Arbeitsverfahren und Vorschriften
für die Werkstätten der Metalltechniker, Oberflächenveredlungsarbeiten u. a.,
nebst wissenschaftlichen Erläuterungen. Von Chemiker **Georg Buchner,**
München. D r i t t e, neubearbeitete und erweiterte Auflage. Mit 14 Textabbildungen. XIII, 397 Seiten. 1923. Gebunden RM 12.—

Metallfärbung. Die wichtigsten Verfahren zur Oberflächenfärbung von
Metallgegenständen. Von Ingenieur-Chemiker **Hugo Krause,** Iserlohn.
IV, 206 Seiten. 1922. Gebunden RM 7.50

Rezepte für die Werkstatt. Von Dr. **F. Spitzer,** Studienrat an der
Beuthschule in Berlin. Z w e i t e, vermehrte und verbesserte Auflage.
72 Seiten. 1927. (Heft 9 der „Werkstattbücher".) RM 1.80

Die Theorie der Eisen-Kohlenstoff-Legierungen. Studien über
das Erstarrungs- und Umwandlungsschaubild nebst einem Anhang:
K a l t r e c k e n und G l ü h e n nach dem K a l t r e c k e n. Von **E. Heyn †,**
weiland Direktor des Kaiser-Wilhelm-Instituts für Metallforschung. Herausgegeben von Prof. Dipl.-Ing. **E. Wetzel.** Mit 103 Textabbildungen und
XVI Tafeln. VIII, 185 Seiten. 1924. Gebunden RM 12.—